Kreikebaum
Integrierter Umweltschutz

Hartmut Kreikebaum (Hrsg.)

Integrierter Umweltschutz

Eine Herausforderung an das
Innovationsmanagement

2., erweiterte Auflage

Die Deutsche Bibliothek – CIP-Einheitsaufnahme

Integrierter Umweltschutz : eine Herausforderung an das
Innovationsmanagement / Hartmut Kreikebaum (Hrsg.). –
2., erw. Aufl., Nachdr. – Wiesbaden : Gabler, 1992
  ISBN-13: 978-3-409-23363-7   e-ISBN-13: 978-3-322-84758-4
DOI: 10.1007/978-3-322-84758-4
NE: Kreikebaum, Hartmut [Hrsg.]

1. Auflage 1990
2. Auflage 1991
Nachdruck 1992

Der Gabler Verlag ist ein Unternehmen der Verlagsgruppe Bertelsmann International.

© Betriebswirtschaftlicher Verlag Dr. Th. Gabler, Wiesbaden 1991
Lektorat: Ute Arentzen

Softcover reprint of the hardcover 2nd edition 1991

Das Werk einschließlich aller seiner Teile ist urheberrechtlich geschützt. Jede Verwertung außerhalb der engen Grenzen des Urheberrechtsgesetzes ist ohne Zustimmung des Verlags unzulässig und strafbar. Das gilt insbesondere für Vervielfältigungen, Übersetzungen, Mikroverfilmungen und die Einspeicherung und Verarbeitung in elektronischen Systemen.

Höchste inhaltliche und technische Qualität unserer Produkte ist unser Ziel. Bei der Produktion und Verbreitung unserer Bücher wollen wir die Umwelt schonen: Dieses Buch ist auf säurefreiem und chlorfrei gebleichtem Papier gedruckt. Die Einschweißfolie besteht aus Polyäthylen und damit aus organischen Grundstoffen, die weder bei der Herstellung noch bei der Verbrennung Schadstoffe freisetzen.
Die Wiedergabe von Gebrauchsnamen, Handelsnamen, Warenbezeichnungen usw. in diesem Werk berechtigt auch ohne besondere Kennzeichnung nicht zu der Annahme, daß solche Namen im Sinne der Warenzeichen- und Markenschutz-Gesetzgebung als frei zu betrachten wären und daher von jedermann benutzt werden dürften.

Vorwort zur zweiten Auflage

Das Vorwort zur ersten Auflage wurde im Oktober 1989 verfaßt, also unmittelbar vor der Wende. Die damit verbundenen und inzwischen vollzogenen Veränderungen in der politischen Landschaft Deutschlands machen es erforderlich, für die zweite Auflage des vorliegenden Tagungsbandes ein neues Vorwort zu schreiben.

Die grundlegende Veränderung der politischen Situation zwischen den ehemaligen beiden deutschen Staaten und die Vereinigung am 3. Oktober 1990 lassen es zu, nunmehr offen über die Vorgeschichte der Arbeitstagung zu berichten, deren Beiträge in dem Sammelband wiedergegeben sind. Die Idee dazu entstand am Rande zweier internationaler Tagungen in Polen, an denen auch einige Kollegen aus der ehemaligen DDR teilnahmen. Sie hielten aus der damaligen politischen Situation heraus die Durchführbarkeit einer gesamtdeutschen Tagung für ausgeschlossen und schlugen stattdessen vor, zu einer Veranstaltung über Probleme des integrierten Umweltschutzes mit internationaler Beteiligung einzuladen. Nur so sei es ihnen möglich, das dafür notwendige Ausreisevisum zu erhalten. Ich bin diesem Vorschlag gefolgt und konnte bei der internationalen Arbeitstagung vom 12. bis 14. Juli 1989 in Schloß Reichartshausen, Oestrich-Winkel, außer Gästen aus Polen, Schweden und der Schweiz immerhin vier von sechs eingeladenen Kollegen aus der ehemaligen DDR begrüßen. Zwei betriebswirtschaftliche Hochschullehrer zählten damals nicht zum 'Reisekader' und erhielten kein Ausreisevisum.

Es war zu prüfen, ob die zweite Auflage des "Integrierten Umweltschutzes" als unveränderter Neudruck erscheinen oder eine redaktionelle Neubearbeitung der vier Beiträge über die DDR-Situation vorgenommen werden sollte. Die Darstellungen der Kollegen aus der ehemaligen DDR haben inzwischen nicht nur einen gewissen historischen Wert gewonnen, sondern sind auch z. T. durch andere im Westen erschienene Veröffentlichungen ergänzt worden. Sie wurden deshalb mit ausdrücklicher Zustimmung der Verfasser in der ursprünglichen Form beibehalten. Die biographischen Angaben im Autorenverzeichnis entsprechen dem gegenwärtigen Stand.

Allerdings erscheint es notwendig, die heutige Situation auf dem Gebiet des betrieblichen Umweltschutzes in den fünf neuen Bundesländern in einem ergänzenden Beitrag zu erläutern und daraus bestimmte Konsequenzen abzuleiten. Diesen Beitrag habe ich dem zweiten Teil unter der Überschrift "Die umweltpolitische Situation in der ehemaligen Deutschen Demokratischen Republik aus heutiger Sicht" hinzugefügt.

Die vorliegende Veröffentlichung behandelt die wirtschaftlichen, technischen und ökologischen Probleme des integrierten Umweltschutzes aus der Sicht des Innovationsmanagements. An der Tagung selbst nahmen neben Wissenschaftlern auch Praktiker des betrieblichen Umweltschutzes teil, deren fachliches Engagement inzwischen auch in den fünf neuen Bundesländern auf ein breites Betätigungsfeld gestoßen ist. Die Vertreter der Praxis kamen in erster Linie aus Führungspositionen in der Industrie, aber auch aus den Gewerkschaften und den Umweltschutzministerien.

Im Mittelpunkt der Vorträge und Diskussionen stand die Frage, in welcher Weise Maßnahmen des integrierten Umweltschutzes dazu beitragen können, mögliche Umweltbelastungen vor deren Entstehung auszuschalten. Es ging also um Vorsorge- und Vermeidungsstrategien des betrieblichen Umweltschutzes und um das Problem, wie die ökologischen Aspekte bereits in die Planung der Produkte und Produktionsverfahren einzubeziehen sind. Damit rückten umweltbezogene Forschungs- und Entwicklungstätigkeiten selbst ebenso in den Vordergrund wie die mit einem Innovationsmanagement verbundenen Aufgaben dispositiver, organisatorischer und personeller Art.

Der vorliegende Tagungsband orientiert sich im wesentlichen an dem Tagungsprogramm. Der besseren Übersichtlichkeit wegen wurde das Buch in drei Kapitel unterteilt, welche die landesspezifischen Probleme und Sichtweisen erkennen lassen. Um die Verständlichkeit zu erhöhen, wurden an einigen Stellen terminologische Erläuterungen eingefügt.

Insgesamt macht die Veröffentlichung deutlich, daß sich der betriebliche Umweltschutz der Zukunft verstärkt mit dem integrierten Umweltschutz befassen muß. Hier liegen die entscheidenden Ansatzpunkte für eine marktwirtschaftlich orientierte ökologische Umstrukturierung der Wirtschaft von innen heraus. Die einzelnen Beiträge liefern wertvolle Beispiele und bieten überzeugende Argumente für die Praxis. Sie unterstreichen aber auch die Voraussetzungen, die seitens des Innovationsmanagements geschaffen werden müssen, um sowohl die Umweltbelastungen präventiv zu verringern als auch den potentiellen Anwendernutzen zu steigern.

Mein besonderer Dank gilt der Volkswagen-Stiftung, welche vor allem die Reise- und Aufenthaltskosten der Teilnehmer übernahm und dadurch das Zustandekommen dieses ersten internationalen Symposiums zum integrierten Umweltschutz ermöglichte. Darüber hinaus danke ich der Landeszentralbank in Hessen sowie der Degussa AG und der Hoechst AG, der Metallgesellschaft AG, der Henkel KGaA, der Bayer AG und, last but not least, der Siemens AG/Zweigniederlassung Frankfurt für die Finanzierung der anfallenden Nebenkosten der Tagung durch eine Spende. Wir hoffen, daß dieser Tagungsband und das Symposium selbst die Berechtigung der Bitte um eine finanzielle Förderung überzeugend belegen können.

Eine solche Arbeitstagung bedarf der Mithilfe und des ungeteilten Engagements vieler Mitstreiter. Allen voran sind Herr Dipl.-Ing. Dipl.-Kfm. Rolf Schmidt und Herr Dipl.-Kfm. Ralph Jahnke, der das mühevolle Übertragen des Manuskriptes besorgte, zu nennen, aber auch Frau Ulla Saelzle und die übrigen Mitarbeiter des Seminars für Industriewirtschaft. Es ist mir ein Anliegen, ihnen allen für Ihre Mühe und Einsatzbereitschaft herzlich zu danken.

Mein Dank gilt schließlich dem Gabler-Verlag für die zügige Vorbereitung der Neuauflage.

Den vorliegenden Band widme ich dem Gedenken an meinen langjährigen Freund und Kollegen Burkhard Strümpel. Er starb am 12. Juli 1990 und damit genau ein Jahr nach seinem Referat, das er auf der Arbeitstagung wie immer engagiert und überzeugend vortrug, an einem mit bewundernswerter Haltung ertragenen Leiden.

Hartmut Kreikebaum

Inhaltsverzeichnis

Vorwort V

1. Teil
Integrierter Umweltschutz aus der Sicht der Bundesrepublik Deutschland 1

Heinz Strebel
Integrierter Umweltschutz - Merkmale, Voraussetzungen, Chancen 3

Walter H. Goldberg
Entscheidungsschwellen bei Umweltschutzinnovationen 17

Ulrich Steger
Integrierter Umweltschutz als Gegenstand eines Umweltmanagements 33

Hartmut Kreikebaum
Innovationsmanagement bei aktivem Umweltschutz 45

Rainer Türck
Das ökologische Produkt - Ansatzpunkte seiner Beschreibung und Erfassung 57

Burkhard Strümpel † /Stefan Longolius
Leitbilder des integrierten Umweltschutzes zwischen Handlungsprogramm und Leerformel 73

Rudolf Vieregge
Integrierter Umweltschutz aus der Sicht der Umweltpolitik 87

2. Teil
Betrieblicher Umweltschutz aus der Sicht der ehemaligen
Deutschen Demokratischen Republik 105

Heinz Kroske

Volks- und betriebswirtschaftliche Aspekte im Entscheidungsprozeß bei
Umweltschutzinvestitionen 107

Eberhard Garbe

Ökonomische Einflußnahme auf die Herausbildung geschlossener
Stoffkreisläufe 121

Wolfgang Katzer

Die Berücksichtigung ökologischer Erfordernisse im Innovationsprozeß
in der chemischen Industrie 137

Wolfgang Streetz

Umweltschutz als integrierte Aufgabe in Betrieben des Schwermaschinen-
und Anlagenbaus 153

Hartmut Kreikebaum

Die umweltpolitische Situation in der ehemaligen Deutschen
Demokratischen Republik aus heutiger Sicht 165

3. Teil
Betrieblicher Umweltschutz aus der Sicht der ehemaligen
Volksrepublik Polen 181

Stanislaw Sudol

Die ökologische Situation in der polnischen Industrie 183

Adam Budnikowski

Internationale Aspekte des Umweltschutzes in Polen 187

Aleksy Pocztowski

Betrieblicher Umweltschutz am Beispiel des Krakauer Industriegebietes 203

Hartmut Kreikebaum

Zusammenfassende Bestandsaufnahme und Ausblick 211

Autorenverzeichnis 217

1. Teil

Betrieblicher Umweltschutz aus der Sicht der Bundesrepublik Deutschland

Der erste Teil umfaßt Beiträge, die aus der Sicht der alten Länder der Bundesrepublik Deutschland geschrieben wurden. Dabei stehen inhaltliche Fragen des integrierten Umweltschutzes im Vordergrund: Die technisch-wirtschaftlichen Probleme können zum Teil als gelöst betrachtet werden und lassen weitere innovative Bemühungen als zwingend erscheinen. Daneben werden organisatorische und methodische Aspekte ebenso behandelt wie die politisch-rechtliche Durchsetzungsproblematik.

Einleitend behandelt *Heinz Strebel* die wichtige Frage nach der begrifflichen Abgrenzung des integrierten Umweltschutzes und erörtert dessen praktische Voraussetzungen und Implementierungschancen anhand eines praktischen Falls aus der chemischen Verfahrenstechnologie.

Walter Goldbergs Ausführungen zu bestehenden Entscheidungsschwellen stützen sich auf ein breites empirisches Forschungswissen und unterstreichen eindrucksvoll die Notwendigkeit einer interdisziplinären und grenzüberschreitenden Behandlung des Themas.

Auf die Notwendigkeit einer strategischen Orientierung bei Entscheidungen über integrierte Umweltschutztechnologien verweist *Ulrich Steger* in seinem Beitrag anhand eines praktischen Falls aus der Automobilindustrie.

Hartmut Kreikebaum berichtet über vorläufige Ergebnisse aus dem von der Degussa AG und der Volkswagen-Stiftung geförderten Forschungsprojekt "Qualitatives Wachstum durch Produkt- und Prozeßinnovationen in der chemischen Industrie als Gegenstand des F&E-Managements".

Einen interessanten methodischen Ansatz enthält der Beitrag von *Rainer Türck*, in dem die Voraussetzungen für ein ökologisch orientiertes Produkt-Portfolio dargestellt werden.

Die Veränderungen in der Einstellung der chemischen Industrie zum Umweltschutz generell und die Bedeutung der Leitbilder für den stattgefundenen Bewußtseinswandel analysieren *Burkhard Strümpel* und *Stefan Longolius* anhand empirisch gewonnener Daten.

Den Abschluß des ersten Teils bilden die Ausführungen *Rudolf Vieregges* zur Fortentwicklung der ökonomischen und sonstigen nicht-ordnungsrechtlichen Instrumente aus der Sicht des Bundesministeriums für Umwelt, Naturschutz und Reaktorsicherheit.

Integrierter Umweltschutz

Merkmale, Voraussetzungen, Chancen

Heinz Strebel

1. Einführung

Das Thema Umweltschutz hat zumindest in der Betriebswirtschaftslehre lange Zeit einen Dornröschenschlaf gehalten. Nun hat die Betriebswirtschaftslehre die Traumwelt ausschließlich erwünschter Produkte und freier Umweltgüter verlassen und beginnt die Realitäten zur Kenntnis zu nehmen. Einschlägige Aufsätze und Tagungen jagen sich, und selbst in den Tageszeitungen der zweiten Ebene erfährt der Leser über negative externe Effekte und von der Wahrheit, daß alles menschliche Wirtschaften letztlich in Müll endet, "den Exkrementen von Produktion und Konsumtion" (Marx 1959, S. 122).

Vor etwa zehn Jahren wäre dies bei Führungskräften nach eigenem Eingeständnis noch auf Befremden gestoßen, und ebenfalls vor zehn Jahren bin ich nach einem Vortrag an einer deutschen Universität gefragt worden, was polychlorierte Biphenyle denn bloß mit Industriebetriebslehre zu tun haben.

Inzwischen kann man sich einleitende Ausführungen über die Bedeutung der Frage schenken, denn das Problembewußtsein ist allgegenwärtig: Umweltschutz ist unvermeidlich, weil Produktion und Konsum natürliche Ressourcen beanspruchen und Rückstände verursachen, die - sofern nicht recycled - schließlich die natürliche Umwelt belasten, was deren Regenerationsfähigkeit in weiten Bereichen überschreitet.

Was aber ist 'integrierter Umweltschutz' oder was ist bestimmt k e i n integrierter Umweltschutz (IU) ?

Die Sichtweise für IU steht sicher im Gegensatz zur bisherigen betriebswirtschaftlichen Partialbetrachtung von Produktion, Konsum und damit des gesamten Wirtschaftslebens als Prozesse ohne Nebenwirkungen, d. h. auch weitgehend ohne externe Effekte. IU beruht also auf einer zumindest naturwissenschaftlich fundierten Totalbetrachtung mit vollständiger Erkenntnis umweltbelastender Prozesse und ihrer Konsequenzen. IU läßt sich mit Hilfe verschiedener Merkmale umschreiben.

2. Merkmale des integrierten Umweltschutzes

Die erste Gruppe von Merkmalen betrifft die Informationsgrundlagen von IU, nämlich:

- IU baut auf die Erfassung aller stofflichen und energetischen Inputs und Outputs analysierter Prozesse. Dies bedeutet prozeßweise Erstellung und Beachtung kompletter Stoff- und Energiebilanzen (2.1).

- IU beachtet auch die Vorstufen eines analysierten Prozesses, soweit deren Produkte für diesen als Input erforderlich sind (2.2).

- IU erfaßt auch die Folgestufen eines analysierten Prozesses, d. h. aller Produktions- und Konsumprozesse, in die dessen Produkte als Input eingehen, einschließlich der Entsorgung von Alterserzeugnissen (2.3).

Die zweite Merkmalsgruppe betrifft die Maßnahmen, die auf umfassender Problemsicht beruhen:

- IU bedeutet ein Ansetzen an den Wurzeln der Umweltbelastung und weitgehender Verzicht auf end of pipe-Technologien. Vorsorge statt Nachsorge heißt das Prinzip, das - bei entsprechend weitem Planungshorizont - auch nach traditionellen ökonomischen Kriterien vorzuziehen ist (2.4).

- IU sucht mit Maßnahmen auf der analysierten (eigenen) Produktionsstufe auch umweltrelevante Effekte von Vor- und Folgestufen im Sinne vermehrten Umweltschutzes zu beeinflussen, zumindest dort keine Umweltverschlechterung zu bewirken. IU sucht pareto-optimale Lösungen (2.5).

- IU bedient sich hierzu auch der Kooperation mit Vor- und Nachstufen, also Lieferanten, produzierenden und konsumierenden Abnehmern sowie Entsorgern (2.6).

Die Merkmale möchte ich nun im einzelnen erläutern.

2.1 Arbeiten mit prozeßweisen Stoff- und Energiebilanzen

Prozeßweise Stoff- und Energiebilanzen bieten die Basis für Übersichten zur potentiellen Beanspruchung der natürlichen Umwelt als Reservoir natürlicher Ressourcen und als Aufnahmemedium für Rückstände. Dazu gehört auch der Verbrauch von Luft (für Verbrennungsvorgänge), die Nutzung von Deponievolumen (für deponierte Rückstände), von Atmosphäre und Oberflächengewässern bei Ableitung gasförmiger und flüssiger Rückstände im Kontext mit Massenfluß- oder Konzentrationsobergrenzen. Soweit der Input eines Prozesses den Output beeinflußt, stehen die Stoff- und Energiebilanzen auch im Dienste einer anwendungsorientierten betriebswirtschaftlichen Produktionstheorie, deren Produktionsfunktion erklärtermaßen "sämtliche Determinanten des Verbrauchs von Produktionsfaktoren erfassen" muß (Adam 1988, S. 63).

Aus der Kenntnis von Determinanten des Faktorverbrauchs - einschließlich des Umweltverzehrs - folgen Ansatzpunkte zur Einflußnahme und somit zur Umweltentlastung.

Das Konzept der Stoff- und Energiebilanzen für Verfahren der chemischen Stoffumwandlung (damit für die chemische Industrie) gehört zum traditionellen Handwerkszeug von Chemikern und Verfahrensingenieuren (vgl. Kölbel/Schulze 1982). Auch bei Verfahren physikalisch-technologischer, insbesondere mechanisch-technologischer Fertigung empfiehlt sich die Stoff- und Energiebilanz gleichermaßen als material- und energiewirtschaftliches wie als ökologisches Instrument (vgl. Jetter 1977).

Versuche von Müller-Wenk in der schweizerischen Firma Roco (vgl. Müller-Wenk 1978, S. 54 ff.) und neuerdings des Verpackungsherstellers Bischoff und Klein (vgl. Günther 1989, S. 116) zeigen die Möglichkeiten dieses Konzeptes zum Umweltschutz und lassen die dazu komplementären ökonomischen Anreize erkennen.

2.2 Ökologische Analysen von Vorstufen der eigenen Produktion

Werden bezogene Material- und Energiearten - als Input der eigenen Produktion - bei Zulieferen produziert, so führt dies ebenfalls zu Ressourcenabbau und Rückstandserzeugung, die anteilig durch die eigene Produktion verursacht sind. So müssen im Prinzip zahlreiche Produktionsketten zurückverfolgt werden, und die Anzahl der Zulieferer geht oft in die Tausende.

Leontief und Ford haben schon 1971 nachgewiesen, daß für diese Zeit z. B. Zulieferer der Elektroindustrie 9-mal soviel SO_2 ausgestoßen haben als dieser Industriezweig selbst, und verweisen auf ähnliche Zusammenhänge für insgesamt 90 Industriezweige (vgl. Leontief/Ford 1971, S. 9 ff.). Dies gibt einen Eindruck von der Komplexität einer auf Vorstufen ausgedehnten Analyse.

Auf Schwierigkeiten kann man aber schon dann stoßen, wenn man nur Informationen der unmittelbaren Vorstufen braucht. Eine Umfrage von Günther, Firma Bischoff und Klein, bei Lieferanten wichtiger Rohstoffe über die umweltrelevanten Eigenschaften dieser Substanzen erbrachte folgendes Ergebnis: 50% der Befragten antworteten gar nicht, und vom Rest waren nur 15% der Antworten 'einigermaßen' brauchbar. Die Erfolgsqoute liegt also allenfalls bei 7,5% (Günther 1989, S. 116).

Die Umweltfreundlichkeit von Ausgangsstoffen und Produkten wird in wachsendem Maße bei Entscheidungen berücksichtigt:

- Unternehmerische Vereinigungen, wie B.A.U.M. und Umwelt-Future, beachten solche Zusammenhänge in der eigenen Beschaffungspolitik.

- In der öffentlichen Verwaltung gibt es inzwischen Richtlinien für umweltfreundliche Beschaffung (vgl. Wicke 1987, S. 11, 25).

- Inzwischen existieren im Ausland Investment-Fonds mit großen Zulauf, die nur Beteiligungen an Unternehmen mit umweltfreundlichen Produkten halten. Ein Fonds dieses Zuschnittes ist jetzt auch in der Bundesrepublik Deutschland entstanden.

2.3 Ökologische Analyse von Folgestufen der eigenen Produktion

Die empfundene Verantwortlichkeit für eigene Produkte endet traditionell am Fabriktor. IU bedeutet hingegen auch Sorge um die weiteren ökologischen Konsequenzen eines Produktes. Dies ist nur konsequent, wenn man, wie vorher erläutert, in das umweltpolitische Konzept auch die Vorstufen der eigenen Produktion einbezieht.

Für eine bestimmte Erzeugnisart zeigen sich Struktur und Ausmaß von Umweltwirkungen, wenn man den klassischen Produktlebenszyklus um Rückstandszyklen ergänzt (vgl. Strebel/Hildebrandt 1989). Zumindest ab Produktionsbeginn, mit der folgenden Produktverwendung und der späteren Entsorgung von Altprodukten, ist das Entstehen von Rückständen verbunden. Dies endet erst dann für eine Rückstandsart, wenn deren letzte Mengeneinheit entsteht bzw. freigesetzt wird. Da grundsätzlich aus einer Produktart mehrere Rückstandsarten entstehen, gehören zu jeder Produktart mehrere Rückstandszyklen.

Davon zu unterscheiden sind die Rückstands*lebens*zyklen, die erst dann enden, wenn die Rückstände zu völlig unschädlichen Substanzen abgebaut sind, was auch bei nicht radioaktiven Abfällen Jahrtausende dauern kann. So beträgt die Halbwertszeit von Tetrachlormethan (CCl_4) in Wasser 2000 Jahre (vgl. o.V. 1984, S. 8).

Solche Rückstands- und Rückstandslebenszyklen begleiten auch alle Folgestufen der eigenen Produktion.

Erst durch Kumulation erhält man hier ein Gesamtbild. Auch dabei besteht das bekannte Problem der Wahl von Planungshorizonten bei Entscheidungsproblemen.

Wegen wachsender Unsicherheit entscheidungsrelevanter Konsequenzen mit zunehmender Entfernung der Prognosewerte von der Gegenwart ist man gezwungen, den Planungshorizont spätestens dort enden zu lassen, wo die Prognosen beginnen, sich im Nebel der Zukunft zu verlieren. Spätere Konsequenzen bleiben bei der Entscheidung notgedrungen unberücksichtigt. Simon unterstreicht dies mit der Karikatur eines Entscheidungsverhaltens, das versucht, die Prognosen endlos fortzusetzen (vgl. Simon 1981, S. 117).

Danach ist aus England folgender Zusammenhang bekannt. Alleinstehende Damen halten Katzen und Katzen fressen Mäuse. Mäuse sind die Feinde von Hummeln, welche den Klee befruchten. Danach sollte das britische Parlament kein Gesetz zur steuerlichen Förderung der Eheschließung verabschieden, ohne zuvor den Einfluß auf die Katzenhaltung und damit auf die Kleernte bedacht zu haben.

Für wirtschaftliche Entscheidungen im Unternehmen erscheint dieses Vorgehen weniger empfehlenswert.

Betrachtet man nun aber ökologische Folgen wirtschaftlichen Handelns, so stößt man - konsequent durchdacht - auf ein anderes Urteil. Gefordert wird hier - angesichts von Folge- und Spätwirkungen wirtschaftlicher Aktivität - Technologiefolgenabschätzung und schließlich sogar eine 'neue' Pflicht. Aus der Gefährdung geboren, dringt sie notwendig zuallererst auf eine Ethik der Erhaltung, der Bewahrung, der Verhütung und nicht des Fortschrittes und der Vervollkommnung, und "angesichts des quasi-eschatologischen Potentials unserer technischen Prozesse wird Unwissen über die letzten Folgen selber ein Grund für verantwortliche Zurückhaltung..." (Jonas 1984, S. 249, 55). Dieser Hinweis mag zumindest einen Eindruck von der Komplexität des Problems vermitteln.

2.4 Verzicht auf end of pipe-Technologien

IU bedeutet bei neuen Produkten und Verfahren Bemühen um Rückstandsvermeidung und -minderung bereits durch Produkt- und Verfahrensgestaltung und -auswahl. Der einfache Grundgedanke ist dabei, daß Rückstände, die gar nicht entstehen, nachher nicht an die natürliche Umwelt gelangen können bzw. 'entsorgt' werden müssen. Die vorsorgende Umweltpolitik ist auf lange Sicht oft auch im traditionellen Sinn die wirtschaftlichere Lösung, da die bei Entwicklung und Einführung höheren Aufwendungen später durch vielfältige Ersparnisse amortisiert werden.

Demgegenüber beginnt Nachsorge (mit end of pipe-Technologien) erst nach dem Entstehen von Rückständen. Sie vermeidet damit Verfahrensänderungen mit entsprechenden Aufwendungen in der Produktion, führt aber zu daraus folgenden Entsorgungskosten. Für diese aber öffnen sich immer noch Möglichkeiten, sie zumindest teilweise auf andere abzuwälzen, was der sog. Nachsorge immer noch lebhaftes Interesse von Rückstandserzeugern sichert. Hinzu kommt, daß manche Fördermaßnahmen, wie der § 7b EStG, die end of pipe-Technologien sogar begünstigen.

Zunehmende Knappheit des Deponievolumens, reduzierte Deponiemöglichkeiten - wie bei Klärschlamm - und verschärfte Emissionsvorschriften bei Abgasen und Abwässern mit wachsenden Entsorgungsgebühren sprechen hingegen auch ökonomisch für den Übergang auf vorsorgende Rückstandsvermeidung und -minderung. So stellt der novellierte § 7a WHG Mindestanforderungen nach dem Stand der Technik, nicht mehr nach den anerkannten Regeln der Technik, und erlaubt auch gegenüber Indirekteinleitern, Vermischungsverbote zu erlassen. Die Schadstoffbewertung nach AbwAG erfaßt weitere Stoffarten, und die Gebührensätze steigen.

Soweit es den laufenden Betrieb angeht, müssen in diesem Zusammenhang Atomkraftwerke im positiven Sinn hervorgehoben werden. Nach Ansicht von Haber, einem Landschaftsökologen, hätten die Umweltprobleme durch industrielle Produktionsrückstände nie die heutigen Dimensionen angenommen, wenn man in der Industrie eine dem Betrieb von Atomkraftwerken vergleichbare Sicherheitsvorsorge beachtet hätte (vgl. Haber 1980, S. 135 ff.). Dies betrifft aber nur den laufenden Betrieb, zumindest hierzulande. Über den Umgang mit Rückständen hat man sich bei der Entwicklung der Kraftwerkstechnologie zunächst ebensowenig Gedanken gemacht wie anderswo. Andererseits gibt es gerade in der Technischen Industrie intensives Bemühen, Produktionskoeffizienten an Einsatzstoffen und Mengen an unverwertbaren Rückständen durch Verfahrensänderungen zu reduzieren.

Hierfür erläutert Schulze ein durchaus repräsentatives Beispiel aus der Industrie (vgl. Schulze 1987, S. 17 f.). Bei der Herstellung von Naphtalin-Sulfonsäure-Derivaten (Ausgangsstoffe u. a. für Farbstoffe und Pharmazeutika) (vgl. Büchner 1984, S. 549 ff./Sutter 1988, S. 20 ff.) sind ursprünglich pro t erwünschtes Endprodukt 13,3 t Ausgangsmaterial eingesetzt worden. Neben 1 t Endprodukt entstanden dabei 4 t feste organische Abfälle, 7 t anorganische Salze und 1 t organische Nebenprodukte, beide in 68 m^3 Abwasser ohne biologische Abbaufähigkeit, und schließlich 0,3 t Abgase, nämlich SO_2 und NO_X. Der gesamte Rückstand (einschließlich Abwässer) betrug 80,3 t ! Durch Verfahrenswechsel reduzierte sich der Materialeinsatz pro t Endprodukt (Produktionskoeffizient) auf 7,5 t. Pro t Endprodukt entstanden als Rückstand nur noch 1,9 t feste organische Abfälle, 3,6 t anorganische Abfälle, 0,66 t organische Nebenprodukte und 13,6 m^3 Abwasser. Die bisherigen Abgase wurden recyclet bzw. zu N_2 reduziert.

2.5 Beeinflussung umweltrelevanter Effekte von Vor- und Folgestufen

Diese Einflußnahme verlangt Informationen und Durchsetzungskraft, ist aber stets nur zielgerichtet, wenn daraus per Saldo eine Umweltentlastung folgt. Dies geschieht bei pareto-optimalen Lösungen, die aber selten zu finden sind, da in der Regel bei Produkt- und Verfahrenssubstitutionen zwar bestimmte Rückstandsarten wegfallen oder reduziert werden, aber andere hinzukommen.

Erfolgversprechend ist vielfach die Substitution umweltschädlicher Werkstoffarten, die den Hauptbestandteil von Erzeugnissen, auch Vor- und Folgeprodukten, ausmachen.

Ein Beispiel ist Asbest. Die Umweltbelastung (Luftverunreinigung) geschieht hier

(1) bei Produktion, auch in Vorstufen, durch:

- Freisetzen natürlich vorkommender Asbestfasern, also schon bei Gewinnung,
- Aufbereitung von Asbestmaterialen zu Asbestfasern,
- Herstellung und Weiterverarbeitung asbesthaltiger Produkte;

(2) bei Gebrauch durch Verschleiß und Verwitterung;

(3) bei Entsorgung (vgl. Abshagen u. a. 1980, S. 13, 16).

2.6 Kooperation mit Vor- und Folgestufen

Wenn umweltpolitische Maßnahmen in einer Produktionsstufe Auswirkungen auf Vor- und Folgestufen haben, ist Kooperation mit allen Betroffenen für den Erfolg unumgänglich. Dieses Problem wird in der Praxis noch recht eng gesehen und oft auf Entsorgungsaktivitäten beschränkt. Aktuelle Beispiele sind die - inzwischen gescheiterte - Einführung von PET-Flaschen und die Kontakte zwischen Automobilindustrie, Stahlindustrie, Schrottwirtschaft und Kunststoffindustrie infolge wachsender Kunststoffbestandteile im Kraftfahrzeugschrott.

Soweit sich Produktionsrückstände nicht im eigenen Betrieb verwerten lassen, ist die Kooperation in Produktionsketten zur Rückstandsverwertung eine unabdingbare Notwendigkeit. Diese Kooperation geht allerdings über die Zusammenarbeit mit traditionellen Entsorgern hinaus. Sie beruht auf dem Grundgedanken, daß viele Rückstände einer Vorstufe in der Produktion eines anderen Betriebes (als Nachstufe) verwertet werden können. Analog zum Gedanken der Produktionskette lassen sich so zahlreiche Betriebe zu Verwertungsketten und -netzen kombinieren, in denen im Prinzip jeder Betrieb zugleich als Rückstandsquelle und als Rückstandssenke fungieren kann (vgl. Strebel 1988, S. 301 ff.).

Dieses Konzept hat gewisse Grenzen, weil

- nicht alle Rückstände recyclingfähig sind,

- ein 100 %iges Recycling technisch-organisatorisch unmöglich, aber auch aus ökonomischen und ökologischen Gründen nicht zu empfehlen ist, und

- Recycling nur begrenzt wiederholt werden kann, da schließlich das Material recyclingunfähig wird (Recycling-Kollaps, etwa bei Papier).

Es ist aber ohnehin - wie jedes Recycling - nur ein ergänzendes Instrument, da letzten Endes nur die Rückstandsvermeidung und -verminderung die Abfallberge reduzieren kann. Recycling, und in diesem Kontext etwa das Umtaufen von Einwegflaschen in Recyclingflaschen, ist also kein Alibi zur Rückstandsproduktion.

3. Voraussetzungen und Chancen für integrierten Umweltschutz

Wie schon angedeutet, läßt sich IU nur innerhalb von Produktions- und Verwertungsketten bewältigen, und dies bedeutet vielfach Kooperation mit Vor- und Folgestufen im Interesse der Rückstandsbewältigung.

Ähnlich komplex wie diese Sachverhalte sind die dafür geltenden Voraussetzungen und die bestehenden Chancen.

Voraussetzungen hierfür sind

- Information über Rückstände, Rückstandsanfall, Verwertungsinteressenten und -technologien und
- Motivation bei allen Beteiligten.

3.1 Information

Gerade in kleineren Unternehmen sind Kenntnisse der eigenen Umweltbelastungen vielfach unzureichend, wobei offenbleibt, ob man die Tatsache nicht kennt ober ob man sie nicht wissen will. Es überrascht dennoch, wenn in einer Umfrage von Meffert unter 286 mittelgroßen Unternehmen sich immerhin 15% als vom Umweltschutz nicht betroffen fühlen (Meffert u. a. 1987, S. 34).

Es gibt aber auch Informationslücken, die nicht aus Desinteresse oder Wegblicken resultieren. So sind Prozesse in der chemischen Stoffumwandlung vielfach nicht in allen Details beherrschbar, und es entstehen durch Folge- und Rückreaktionen unerwünschte Nebenprodukte mit Schadstoffcharakter in wechselnder Zusammensetzung. Aber auch die erwünschten Produkte sind vielfach Stoffgemische mit in Grenzen variablem Inhalt. So besteht die nach der 10. Verordnung zur Durchführung des BImSchG grundsätzlich verbotene Stoffgruppe PCB aus bis zu 209 toxikologisch sehr verschiedenen Verbindungen; z. B. wird das Kuppelprodukt regelmäßig nicht im einzelnen, sondern etwa nur nach Cl-Gehalt analysiert (vgl. Kruse/Wassermann 1989, S. 48 ff.). Der Gedanke der Stoffbilanz ist also hier nur nach Umrissen verwirklicht.

Für die Vermittlung entstehender Rückstände gibt es seit langem Einrichtungen, wie etwa die sog. Abfallbörsen und entsprechende Datenbanken.

Das geringere Problem bei der Rückstandsverwertung ist wohl die Kenntnis geeigneter Technologien, für die ein breites Marktangebot existiert.

3.2 Motivation

Entscheidend sind Interesse und Motivation. Motivation entsteht mancherorts schon aus der Dimension des Rückstandsproblems, zumeist aber erst, wenn fühlbare ökonomische Anreize existieren. Diese kommen zustande, wenn Entsorgung mangels geeigneter Abnehmer und zulässiger Entsorgungsverfahren an Grenzen stößt oder zu kostspielig ist. Deponiegebühren von 50,- DM/t scheinen industrielle Abfallerzeuger nicht sonderlich zu berühren. Werden Deponiegebühren von 250,- DM/t vorgeschlagen, so sind die Kosten schon fühlbarer (Faber/Stephan/Michaelis 1988, S. 125, 98). Solche Zahlen führen auch zu Unmut. Sogar zuständige Umweltminister zeigen Widerstand und begünstigen damit traditionelle, einzelwirtschaftlich billigere Entsorgungsmethoden.

Aber auch Kommunen empfinden es für den Bürger manchmal unzumutbar, die Müllabfuhrgebühren von rd. 100,- DM auf rd. 200,- DM/Jahr anzuheben. Die Konsequenz ist das Weiterwursteln auf ausgetretenen Pfaden. Es führt wohl kaum ein Weg daran vorbei, die Knappheit der bisher durch Entsorgung beanspruchten Umweltmedien auch durch entsprechende Gebühren deutlich zu machen, um das Bemühen um Rückstandsminderung und -verwertung in der Industrie, aber auch beim Konsumenten anzuregen. Hier bieten sich gerade Deponiegebühren, etwa von kommunalen Betreibern, an.

Umweltrechtliche Abgaben, die als Anreize seit langem in der Diskussion sind, gibt es hierzulande nur in Form der Abwasserabgabe. Gerade dieses Instrument zeigt, daß trotz der ursprünglich niedrigen Gebühren allein die Tatsache eines Gebührenbescheides vielen Abwasserproduzenten die Beschaffenheit ihrer Abwässer ins Bewußtsein gerückt und so Gegenmaßnahmen ausgelöst hat.

Allerdings bietet das Instrument der neuen Umweltabgaben in EG-Ländern gegenwärtig nur ein stumpfes Schwert, da nach EG-Recht neue nationale Regelungen nicht mehr eingeführt werden dürfen, und nur noch bestehende, wie das AbwAG, modifiziert, also auch verschärft werden können. So gibt es auch nicht mehr die Möglichkeit, Modellen, wie der japanischen SO_2-Steuer, zu folgen. In Japan bestehen für SO_2 Emissionsgrenzwerte, die den deutschen vergleichbar sind. Dazu kommt aber eine SO_2-Abgabe, die auch für die in diesem Rahmen erlaubten Emissionen erhoben wird und für den Emittenten erheblichen Anreiz bietet, ihren SO_2-Ausstoß weit unter das erlaubte Maß zu drücken (nach v. Weizsäcker 1989, S. 3). Aus ökologischer Sicht ist dies erforderlich, weil man gerade bei Auftreten von SO_2 für den Menschen gefährliche Synergieeffekte beobachtet. So verstärkt SO_2 die carcinogene Wirkung von 3,4-Benzopyren sowie die Schadwirkung von Feinstaub auf die Lunge und verursacht Gefahren schon durch geringe Bleibelastung, die für sich genommen noch keinen Schaden hervorruft (vgl. Rat der Sachverständigen 1978, S. 48, 54).

Außer der Abwasserabgabe gibt es bei uns keine solchen Umweltabgaben. So ist man auf EG-weite Einigung oder auf Ausbildung eines neuen Umweltbewußtseins durch Erziehung angewiesen, das keiner ökonomischen Anreize mehr bedarf. Die EG-weite Einigung dauert vermutlich mindestens so lange wie die Ausbildung des Umweltbewußtseins, und somit kommen beide Instrumente wohl zu spät.

Andererseits gibt es Entwicklungen, die hoffen lassen. Nach vorläufigen Ergebnissen von Meffert u. a. (S. 34 f.) scheint inzwischen bei einem Teil der befragten Unternehmen eine deutliche Zielkomplementarität zwischen Produktimage, Wettbewerbsfähigkeit, langfristiger Gewinnerzielung einerseits und Umweltschutz andererseits zu bestehen. Sichern und Verbessern von Image, Wettbewerbsfähigkeit und langfristiger Gewinnerzielung richtet sich aber auf Schaffen und Erhalten von Erfolgspotentialen, und genau dies ist der Zweck der strategischen Planung (vgl. Zäpfel 1989, S. 19). Trachten nach Umweltschutz wäre so letztlich Bestandteil strategischer Planung und aus einer erfolgreichen Unternehmenspolitik nicht wegzudenken (weniger eindeutig bei Ullmann 1988, S. 908 ff.).

Literaturverzeichnis

Abshagen, J. u. a.: Luftqualitätskriterien. Umweltbelastung durch Asbest und andere faserige Feinstäube, Berlin 1988

Adam, D.: Produktionspolitik, 5. Aufl., Wiesbaden 1988

Büchner, W. u. a.: Industrielle anorganische Chemie, Weinheim u. a. 1984

Der Rat der Sachverständigen für Umweltfragen: Umweltgutachten 1978, Stuttgart u. a. 1978

Faber, M./Stephan, G./Michaelis, P.: Umdenken in der Abfallwirtschaft, Heidelberg u. a. 1988

Günther, K.: Ein Ökologiekonzept wird praktiziert, in: Zeitschrift Führung und Organisation, 58. Jg., 1989, Heft 2, S. 112-116

Haber, W.: Entwicklung der menschlichen Umwelt, in: Bierfelder, W./Höcker, K. H.: Systemforschung und Neuerungsmanagement, München/Wien 1980, S. 135-159

Jetter, U.: Anleitung zum Erstellen von Material- und Energiebilanzen im Produktionsbetrieb, Frankfurt/M. 1977

Jonas, H.: Das Prinzip Verantwortung, 2. Aufl., Frankfurt/M. 1984

Kölbel, H./Schulze, J.: Projektierung und Vorkalkulation in der chemischen Industrie, Berlin u. a. 1982

Kruse, H./Wassermann, O.: Landwirtschaftliche Nutzung von Klärschlämmen, in: Entsorgungstechnik, 1. Jg., 1989, S. 48-52

Leontief, W. W./Ford, D.: The Pollution and the Economic Structure; Empirical Results of Input-Output-Computations, in: Brody, A./Carter, A. P.: Input-Output-Techniques, Amsterdam/London 1971, S. 9-30

Marx, K.: Das Kapital, 3. Bd., Berlin 1959

Meffert, H./Benkenstein, M./Schubert, F.: Umweltschutz und Unternehmensverhalten, in: HARVARD Manager, 9. Jg., 1987, Heft 2, S. 32-39

Müller-Wenk, R.: Die ökologische Buchhaltung, Frankfurt/New York 1978

o. V.: Die Schadstoffe im Rhein sind fast unbekannt, in: Umwelt und Technik, Heft 7, 1984, S. 8

Schulze, J.: Entwicklungstendenzen zu einer rückstandsfreien oder rückstandsarmen Chemieproduktion, in: Müll und Abfall, 13. Jg., 1987, S. 14-25

Simon, H. A.: Entscheidungsverhalten in Organisationen, Landsberg/Lech 1981

Strebel, H.: Rückstandsverwertung durch Kooperation. Ein neuer Ansatz zur ressourcenschonenden Produktion, in: Umwelt und Energie, Freiburg i. Br. 1988, Gr. 12, S. 301-340

Strebel, H./Hildebrandt, Th.: Produktlebenszyklen und Rückstandszyklen - Konzept eines erweiterten Beschreibungsmodells, in: Zeitschrift Führung und Organisation, 58. Jg., 1989, Heft 2, S. 101-106

Sutter, H.: Vermeiden und Verwerten von Sonderabfällen, 2. Aufl., Berlin 1988

Ullmann, A. A.: Lohnt sich soziale Verantwortung ?, in: Zeitschrift für Betriebswirtschaft, 58. Jg., 1988, Heft 9, S. 908-926

v. Weizsäcker, E. U.: Internationale Harmonisierung im Umweltschutz durch ökonomische Instrumente - Gründe für eine europäische Umweltsteuer, als Manuskript gedruckt, 1989

Wicke, L.: Chancen der Betriebe durch offensives Umweltschutzmanagement, in: Potthoff, E. (Hrsg.): RKW-Handbuch Führungstechnik und Organisation, 20. Lfg., Berlin 1987, TZ 2812, S. 1-26

Zäpfel, G.: Strategisches Produktions-Management, Berlin/New York 1989

Entscheidungsschwellen bei Umweltschutzinnovationen

Walter H. Goldberg

1. Einführung

Innovationen sind Neuerungen, die sich am Markt durchsetzen. Sie erschließen und befriedigen Bedürfnisse des Nutzers besser, zweckmäßiger und/oder wirtschaftlicher als zuvor möglich. Die Bedürfnisse können bekannt und artikuliert sein oder aber neu erkannt und erschlossen werden.

Die recht unscharfen Kriterien 'besser und zweckmäßiger' umschreiben ein breites Spektrum, von der Erkennung und Lösung bislang nicht beachteter bis zur entsorgungsfreien, die Umwelt nicht belastenden Eliminierung von Nebenerscheinungen (Kuppelprodukten) bzw. verschiedener 'Externalitäten'. Probleme dieser Art können unerkannt, unbekannt oder 'ausgeklammert' (Luft, Wasser als 'freie', d. h. wertmäßig nicht erfaßte Güter) oder aber verstanden, jedoch (noch) nicht lösbar sein (vgl. das Verfahren zum Sauerstoff-Frischen von Stahl: zwischen Problemerkennung und -lösung verstrichen 100 Jahre).

Innovationen sind, verglichen mit anderen Geschehnissen in Organisationen, schwer zu identifizieren. Sie sind in vielen Fällen überhaupt nicht 'vorprogrammiert' oder programmierbar (Inventionen, die in Innovationen eingehen können, sind dagegen unter gewissen Bedingungen steuerbar, z. B. in F&E-Laboratorien (vgl. Brockhoff 1989).

Die erwähnten Unsicherheiten hängen in ihrer Intensität, ihrer Lösbarkeit und ihrem Schwierigkeitsgrad nicht nur von der Art der Organisation des Innovationsvorhabens ab, sondern auch von der Art und dem Umfang externer Einflüsse.

Die verschiedenen Wirtschaftssysteme stellen unterschiedliche Voraussetzungen bereit, welche den Verlauf von innovativen Vorhaben beeinflussen. Weil der Zugang zu Wissen einschließlich der kreativen Verknüpfung von Wissen aus verschiedenen Bereichen und dessen Einsatz bei der Identifizierung von Bedürfnissen und Lösungen zu deren Erfüllung eine zentrale Rolle bei Neuerungen spielt, kann der Zugang zu und die Kommunikation von Wissen als Ausgangspunkt für Systemvergleiche gewählt werden (vgl. Goldberg 1989 I).

Die unterschiedlichen Kommunikationsvoraussetzungen zeigen bestehende organisatorische Entscheidungsschwellen auf, wie aus dem im folgenden dargestellten planwirtschaftlichen Innovationsmodell der Sowjetunion (siehe Abb. 1) hervorgeht.

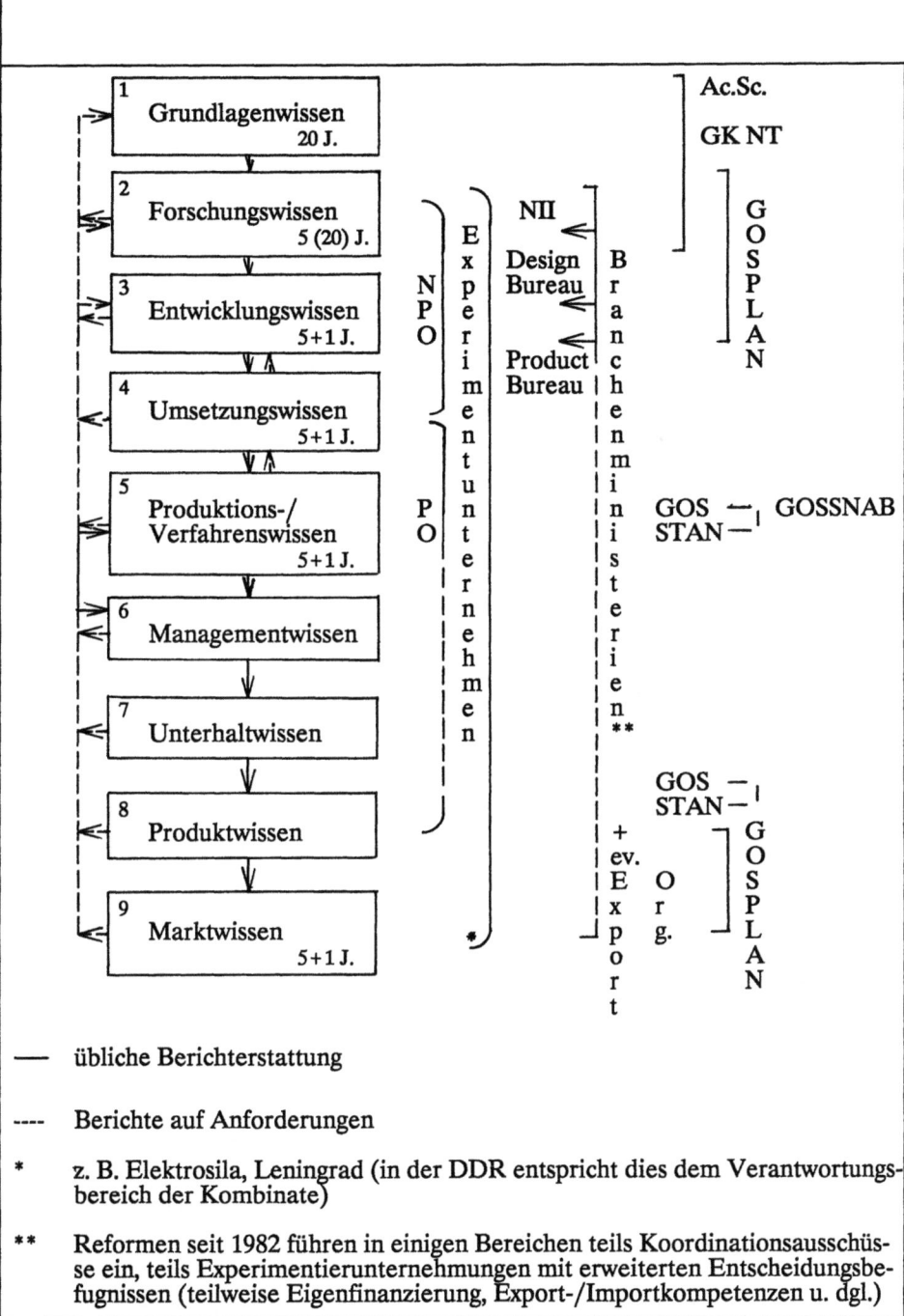

Abb. 1: Wissenszugriff bei Produktion/Neuerungsvorhaben: Planwirtschaft (SU)

Erläuterungen:

Ac.Sc. = Wissenschaftsakademie; Staatl. Wissenschafts- u. Technikkommission

NII = Branchenforschungsinstitut

NPO = wissenschaftliche Versuchsunternehmen

PO = (normaler) erzeugender Betrieb

GOSSTAN = Standardisierungskommission

GOSSNAB = Kommission für interindustrielle Materialversorgung

Design Bureau = Institut/Abteilung für Anlagen und Verfahrensplanung eines Branchenministeriums

Product Bureau = Institut/Abteilung für Produktplanung eines Branchenministeriums

Export-Org. = Staatl. Außenhandelsorganisation für Branche

20 J., 5 J., 5 + 1 J. geben den Planungshorizont für die jeweilige Ebene in Jahren an.

Anstehende Probleme werden von der Partei zur Lösung angewiesen. Die Wissenschaftsakademie und die Staatliche Kommission für *W*issenschaft und *T*echnik (GKNT) erhalten Aufträge, wissenschaftlich-technische Lösungen für ausgewählte Bereiche zu entwickeln. Das Staatliche Planministerium (GOSPLAN) hat die Verbindungsfunktion zwischen den genannten Behörden und den etwa 60 Branchenministerien sowie die Aufgabe, Planvorgaben für über 60.000 erzeugende Betriebe auszuarbeiten und festzustellen.

Die Branchenministerien erhalten (von GOSPLAN oder anderen Superbehörden) Aufträge zur Neuentwicklung von Produkten und Verfahren. Die Ministerien betreiben Branchenforschungsinstitute, Produktentwicklungsbüros sowie Anlagen- und Prozeßentwicklungsbüros. Die genannten Forschungsinstitute unterhalten Bibliotheken und Laboratorien. Darüber hinaus ist das GKNT Hauptbetreiber einer wissenschaftlich-technischen Informationsbehörde mit regionalen Niederlassungen und etwa 180.000 Beschäftigten.

Neue Produkte werden, teilweise mit Rückgriff auf Informationen aus der Forschung, im Auftrage des jeweiligen Ministeriums in den Produktbüros entwickelt. Dazu benötigte Verfahren und Anlagen werden bei den Designbüros (Abteilungen) des Ministeriums in Auftrag gegeben. Ein Zusammenwirken dieser Büros/Abteilungen bei der Produkt-, Verfahrens- und Anlagenentwicklung stellt eher die Ausnahme als die Regel dar (dritte Agenturen können in laufende Produktionen wie auch Projekte eingreifen, z. B. in Erfüllung eines ihnen erteilten Auftrages oder anläßlich von Staats- oder Verteidigungsaufträgen).

Zusammenfassend ist die konsequent nach dem Phasenmodell organisierte Sowjet-Wirtschaft als auf Erfüllung vorgegebener Pläne ausgelegt zu charakterisieren. Innovationen können aus den oben angedeuteten Gründen nur mit Schwierigkeiten zustande gebracht werden, insbesondere im zivilen Sektor.

Im folgenden sollen zunächst die spezifischen Entscheidungshemmnisse bei Umweltschutzinnovationen erläutert werden. Im dritten Abschnitt wird auf die Möglichkeiten zur Verringerung bzw. Beseitigung der letztgenannten Hemmschwellen eingegangen. Ein Ausblick auf die zukünftige Entwicklung schließt den Beitrag ab.

2. Entscheidungshemmnisse bei Umweltschutzinnovationen

Einige der wichtigsten Umweltprobleme unserer Zeit haben ihre Ursache in einer Massennutzung, die Nebeneffekte verursacht, welche bei früherer, geringerer Nutzungsintensität überhaupt nicht beachtet wurden. Ballungsräume, Verkehrsintensität und Massentourismus sind Beispiele für diese Entwicklung. Ein erstrebenswerter Anstieg des Lebensstandards führt zu Massennutzung von Gütern und Dienstleistungen, die erst dadurch nicht erträgliche Folgen nach sich ziehen (vgl. Munn 1988, pp. 203-218).

2.1 Gründe für Entscheidungsschwellen

Es ergibt sich ein komplexes Bild der Hindernisse, die Innovationen im allgemeinen zu überwinden haben.

Die bestehenden Schwellen sind teils subjektiver, teils objektiver Art. Witte (vgl. Witte 1973, S. 151) spricht von subjektiven Fähigkeitsbarrieren (nicht wissen) und Willensbarrieren (nicht wollen) in Unternehmungen. Auf die Umweltpolitik bezogen lassen sich die Phasen der gezielten ökologischen Ignoranz, der symbolischen Umweltpolitik, der juristischen büro-technokratisch aktiven Umweltpolitik und der präventiven, auf flexiblen, wirtschaftlichen Instrumenten fußenden Umweltpolitik unterscheiden. Die subjektiven Schwellen sind insofern ernsthafter Art, als sie aus subjektivem Unbehagen heraus auf Unterdrückung erkennbarer Warnzeichen zielen, d. h. das Handeln bewußt blockieren. Mangel an Einsicht, Verständnis und Willen zur Verhaltensänderung, Egoismus und kurzsichtiges Denken können hier als Stichworte angeführt werden.

Objektive Hindernisse können im technischen Bereich oder im Marktbereich begründet sein.

Die Technik

- ist entweder zu teuer oder noch nicht erdacht;
- sie ist zu riskant in der Anwendung (Beispiel: Halone, deren Nutzung beendet werden soll, werden in Feuerlöschern dort genutzt, wo Wasser nicht eingesetzt werden darf, z. B. in elektrischen oder EDV-Anlagen; eine Alternative gibt es noch nicht. Die Schäden entstehen fast nur durch Leckage in Brandschutz-Installationen);
- sie hat entweder große zentrale Nutzer, mit (lokal) großen wirtschaftlichen Folgen eines Verbotes;
- oder sie hat viele - dezentrale - Nutzer und ist weit verbreitet (Beispiel: 'Ölrauch', der bei Ölerhitzung u. ä. entsteht, bei Einsatz von Öl als Schmiermittel und in zahlreichen weiteren Anwendungen; Ölrauch ist von ähnlicher Gefährlichkeit wie Asbeststaub);

Häufig besteht Unsicherheit über die Lösung(en) (z. B. Kfz-Katalysatoren als zweit- oder n-beste Lösung) bzw. über die durch eine Regelung favorisierte Lösung gegenüber einer auf lange Sicht möglicherweise besseren Alternative.

Im Marktbereich können folgende Gründe liegen:

- Bedarf wird nicht erkannt oder nicht entsprechend gewertet (z. B. Sparglühlampe);
- Marktregelungen sind nicht einheitlich (Beispiel: Teile der europäischen Kfz-Industrie liefern in die USA seit 20 Jahren Kfz, die mit Katalysatoren nach in Kalifornien geltender Norm ausgerüstet sind. Der Widerstand dieser an sich fortschrittlichen Erzeuger richtet sich gegen die Auflage, einen minderwertigen Katalysator für die in Europa zu liefernden Kfz zu erzeugen, der serienbezogenen Wirtschaft-

lichkeit wegen und der Kostennachteile gegenüber Erzeugern in Ländern mit noch geringerer Reinigungsnorm als der Euro-Norm);
- Mangel an Zutrauen zur Kompetenz und zum Wissen der Regelungsanordner. 'Verunsicherung' durch 'Regelungssprünge';
- Traditionen und etablierte Einstellungen sowie Strukturen behindern/verzögern die Annahme von neuen Verhaltensweisen und neuer Technik (die nur sehr zögernde Anahme von Hybrid-Mais durch Landwirte in Iowa ist ein klassisches Beispiel (vgl. Griliches 1954, pp. 962-974));
- wichtige Marktmängel bestehen dann, wenn vom Nutzer/Betroffenen Einschränkungen oder Besitzstandsverzichte, d. h. mehr oder weniger einschneidende Verhaltensänderungen gefordert werden (z. B. Kostenübernahme/wirtschaftliche Einbußen durch Verteuerung, Verursacherabgaben u. v. a. m.).

2.2 Notwendige Verhaltensänderungen

Umweltbezogene Entscheidungen erfordern Verhaltensänderungen, die oft einschneidend sind für Individuen und Gruppen, und Einschränkungen sowie die Aufgabe von Besitzständen bedingen. Verhaltensänderungen setzen die Akzeptanz von Veränderungen voraus. Diese beziehen sich auf

- *Erträge* im weiten Sinne (d. h. bezogen auf Wirtschaftlichkeit, Status, Privilegien, Entwicklungsmöglichkeiten u. dgl.) wie auch diesbezügliche *Besitzstände*, aus der Sicht der Individuen und Haushalte, der Unternehmungen, der Branchen, der Regionen;

- *Wettbewerbsbedingungen*, absolut und relativ, verglichen mit denen, die für andere Unternehmungen gelten;

- *geltende Prioritäten* der oben erwähnten Akteure/Betroffenen, z. B. Umwelt (meistens in langer Perspektive verstanden) gegen (kurz- und mittelfristigen) Zuwachs an Lebensstandard, aber auch Vertrauen und Glaubwürdigkeit bei wichtigen Gruppen (z. B. Umwelt gegen erschwingliche Wohnungen für junge Familien);

- *Handlungsnormen*, *Verhaltens-* und *Entscheidungsmodelle*. Es bieten sich folgende Verhaltensnormen im Hinblick auf Umweltschutzinnovationen an:

(1) *Suboptimierung*: 'bestmögliche Zielerreichung' bei in der Regel unterschiedlichen, auch miteinander konkurrierenden Zielen. Wegen der Schwierigkeit, Zielgrößen in (auch zeitlich) vergleichbaren Werten auszudrücken, greift man zu *partiellen* Optima. Dabei werden entweder gewisse Ziele mit schematischem oder Null-Wert oder aber auf einer anderen, höheren Zielebene angesiedelt angenommen. Ob dann auf dieser Ebene ein Optimum ermittelt wird oder die bei partieller Optimierung ausgeklammerten/nullgestellten Variablen einbezogen werden, ist nicht notwendigerweise sichergestellt. Oft wird - unbewußterweise - die Suboptimierung durch Bereichsabgrenzungen verursacht, d. h. durch Schwächen im Schnittstellenmanagement.

(2) *Externalisierung*: Beurteilung gewisser Güter als 'freie', d. h. nicht bewertete oder als im Bereich externer Entscheidungsträger angesiedelte Güter. Externalisierung kann sowohl *positive* (Beispiel: Pollinierung von Obstblüten in den Gärten anderer durch Bienen eines Bienenzüchters) als auch *negative* Effekte haben (Wasser-Luft-Boden-Geräusch-Belästigungen, die von Dritten verursacht werden).

(3) Bewußte *Unterdrückung* von Faktoren/Kriterien, welche die Erfüllung anderer, vorrangiger Umweltziele behindern oder verzögern könnten (vgl. Weidner 1989). Mitunter werden 'Ablösungsgelder', Bußgelder u. dgl. für Umweltversehen/-vergehen so niedrig angesetzt, daß sich umweltgerechtes Verhalten einfach nicht lohnt.

(4) Die sogenannten *Hartje-Thesen* als Verhaltensnorm (vgl. den Beitrag Steger in diesem Band) beschreiben die 'Handlungsnorm' von Unternehmungen dahingehend, daß Unternehmungen geneigt sind, die billigste, zugänglichste Technik einzusetzen, wenn Umweltauflagen gemacht werden. Zunächst versucht man mit einer Standardtechnik, d. h. ohne gesonderte Berücksichtigung der Umwelt auszukommen, soweit dies möglich ist. Danach wird 'Zusatztechnik' eingesetzt, oft nachgeschaltete end of pipe-Technologie. Erst wenn diese Möglichkeiten ausgeschöpft sind, ohne daß Umweltkriterien entsprochen werden kann, kommt integrierte Umwelttechnik zum Einsatz.

Ein Vorgehen dieser Art dürfte heute nicht mehr als 'Normalverhalten' von Unternehmungen bezeichnet werden. Viele Unternehmungen beziehen Umweltschutz, die Beseitigung von Altlasten und präventive Umweltpolitik in die Unternehmenspolitik ein, im Bewußtsein, daß 'Suboptimierung' bzw. Externalisierung teils dem Ansehen der Unternehmung abträglich ist, teils der Erfüllung anderer, traditioneller Unternehmensziele effektiv im Wege steht (vgl. Günther 1989; Bern 1989).

Wichtiger Anlaß zu grundlegenden Verhaltensänderungen sind Erkenntnisse darüber,

- daß Umweltbewußtsein und Umweltschutzansprüche international stark anwachsen,

- daß Unternehmen ohne progressive Umweltpolitik und ‚deren zügige Umsetzung bei einer zunehmenden Zahl von Verbraucher immer mehr auf Ablehnung stoßen,

- daß Unternehmungen mit schlechter Umweltmoral als Arbeitgeber immer häufiger abgelehnt werden, besonders von qualifizierten Arbeitnehmern.

2.3 Unklare Organisations- und Verantwortungsverhältnisse

Die zunehmende Vernetzung der Wirtschaft führt mitunter dazu, daß das Denken in Umweltkategorien auf mehrere Akteure aufgesplittert wird, ohne daß sich einer von diesen als gesamtverantwortlich fühlt (vgl. Schneider/Hansmeyer 1989). Einen interessanten Ansatz zur Behebung dieses Problems bietet die Entwicklung des TQM-Konzepts (Totales Qualitäts-Management-Konzept).

Das TQM-Modell (vgl. z. B. Shetty/Buehler 1987, S. 267-338; Trepo 1987, S. 287-293) kann in der modernen Industrie nicht nur auf eine Unternehmung begrenzt werden. In den unterschiedlichen Vernetzungen sind Entscheidungsträger auf verschiedenen Ebenen angesiedelt, vom Einzelindividuum, das eine Vereinbarung bzw. ein Gebot befolgt oder nicht, bis hin zu internationalen Organisationen und politischen Entscheidungsträgern, die 'global' denken, entscheiden und handeln, zum Einzelfall jedoch, wenn überhaupt, nur entfernte Beziehungen haben. Den geringsten Einfluß hat der Erzeuger auf den Endbenutzer: Produkte, Verfahren, Systeme werden unter den verschiedensten, vom Erzeuger nicht beeinflußbaren Bedingungen genutzt. Trotzdem postulieren Gesetzgeber, die das Konzept der absoluten Produkthaftung vertreten, daß der Erzeuger seinen Willen bis hin zum letzten Nutzer durchzusetzen vermag, auch wenn dieser ein Mißbraucher sein sollte.

2.4 Mängel an Kriterien und Meßmethoden

Die Forschung über Umweltbelastungen ist im großen und ganzen sehr jung. Für viele Bereiche bestehen noch schwache bzw. keine Erkenntnisse über Ursachen- bzw. Wirkungszusammenhänge, Kriterien und Meßmethoden sind noch unscharf/provisorisch und werden dementsprechend in Frage gestellt. Das Kernproblem ist dabei die Unsicherheit bezüglich der Effizienz von vorbeugenden/schädigungsbehebenden Maßnahmen. "Die Entwicklung läuft so schnell, daß Unternehmungen von Halbjahr zu Halbjahr nicht wissen, welche Umwelttechnik wirksam ist" (Bern 1989). Dabei geht es u. a. um kritische Skalengrenzen der Technik.

Mit diesen Problemen wird man noch lange leben müssen. Allerdings werden sie als Argumente zum Aufschub von Maßnahmen (so wie man den Kauf einer Videokamera hinausschiebt, in Erwartung besserer Geräte zu günstigeren Preisen) immer seltener akzeptiert. Die Industrie wird auch die 'Unbeständigkeit' von Regelungen weiter hinnehmen müssen, insbesondere wegen der Lernprozese bei Überwindung der erwähnten Unsicherheiten.

3. Möglichkeiten zur Verringerung und Beseitigung von Hemmschwellen

Umweltfragen und Umwelthandeln sind dynamischer Art: neue Probleme werden erkannt und müssen gelöst werden, während man noch mit der Lösung erkannter Probleme beschäftigt ist. Von dieser Grundthese ausgehend sollen im folgenden einige praktische Ansätze zur Überwindung von Innovationsbarrieren im Umweltschutz diskutiert werden.

3.1 Bewußtseinsbildung

Eine fundamentale Voraussetzung zum Verringern bzw. Beseitigen von Hemmnissen ist das Erkennen ihrer Ursachen. Subjektive Einstellungen als Grundlage von Verhaltensschwächen (Bewußtseinsmängel, Ignoranz, mangelndes Verständnis für Bedarf an/Notwendigkeit zu Verhaltensänderungen, Bindungen an kurz- oder mittelsichtig orientierte Prioritäten oder Loyalitäten) sind als vielleicht wichtigste Gründe von

Handlungsschwächen gegenüber Umweltentscheidungen aufgezeigt worden. Geeignete Mittel und Wege zur Erleichterung und Förderung von umweltgerechten Verhaltensänderungen sollten daher ständig gesucht werden.

Gefordert ist eine *Klimabildung* zugunsten von Umweltbewußtsein und entsprechendem Handeln. Sie muß auf Individuen, Gruppierungen und Mitarbeiter auf allen Ebenen gerichtet sein, auf alle Arbeitsbereiche von Unternehmungen und Verwaltungen, auf Branchen, Regionen, staatliche und überstaatliche, politische und administrative Organe und deren Entscheidungsträger. Umweltbewußtsein erfordert Aus- und Weiterbildung, Verständnis, Wissen um Mittel und Wege, Motivation, Anreize, Belohnungen und Bestrafungen.

Die "Auszeichnung für umweltbewußte Unternehmensführung der Arbeitsgemeinschaft Selbständiger Unternehmer" (Günther 1989) ist eines von vielen nachahmenswerten Beispielen.

Eine Weiterentwicklung und Verbreitung (über den Arbeitsbereich von Politik und Verwaltung hinaus) der Technikfolgen-Abschätzung (TA) kann empfohlen werden (vgl. Goldberg 1989 II). Es sei aber auch daran erinnert, daß umweltgerechtes Handeln sich nicht nur auf den Umgang mit Technik beschränkt.

3.2 Umweltprüfungsberichte

Die Umweltschutzgesetzgebung Schwedens legt Unternehmungen die Vorlage von Umweltberichten auf, zusammen mit den jährlichen Verwaltungsberichten. Je nach Unternehmensgröße sind die Anforderungen mehr oder weniger umfassend. Aus diesen Berichten soll hervorgehen, wie geltende Umweltauflagen erfült werden bzw. wurden. Im einzelnen werden folgende Informationen erbeten:

- Beschreibung der Kontingenzen, Produkte, Produktionsmethoden, Einsatzwaren, Zulieferer, Vertriebsformen;

- Methoden der Vorsorge, Reinigung, Entsorgung, Endverwahrung;

- Offenlegung von Umweltbelastungen, einschließlich Vor- und Nachstufen der Unternehmung, während des Berichtszeitraumes, die direkt oder indirekt von der Unternehmung verursacht werden/wurden;

- geplante und in Angriff genommene/abgeschlossene Maßnahmen zur Beseitigung von Ursachen; Vorsorgemaßnahmen, Finanzierung.

Die Internationale Handelskammer hat Empfehlungen ähnlichen Inhalts ausgesprochen.

3.3 Regelungen

Im Bewußtsein des dynamischen Charakters der Verhältnisse zwischen Unternehmung und Umwelt kann Bedarf an Regelungen entstehen. Mit deren Hilfe sollen folgende Ziele angestrebt werden:

- Erstellung eines Marktes, wo es (noch) keinen gibt bzw. dieser nicht erkannt wird;
- Erstellung von Referenzen u. dgl., um die Umsetzung schonender Methoden und Verfahren zu demonstrieren bzw. zu beschleunigen;
- Einführen von Entscheidungsebenen (wo solche in bestehenden Strukturen nicht vorhanden sind, z. B. Anreize zur Selbstorganisation und zum Engagement von Politik und Verwaltung);
- Erstellung von Kriterien für Organisationsstrukturen und Entscheidungsverläufe; Hinzuziehung von Interessenten/Betroffenen; Sanktionen.

3.4 Simulationen

'Katastrophenmodelle' (z. B. der Bericht "Grenzen des Wachstums" des Club of Rome Anfang der 70er Jahre) haben eine immense Bedeutung für die Bewußtseinsbildung von Meinungsbildnern, Politikern, Entscheidungsträgern usw. gehabt, trotz der Mängel, mit denen Modelle dieser Art behaftet waren.

Es wird immer richtig und wichtig sein, Gedanken in Modelle umzuformen und Fälle durchzuspielen mit dem Ziel, Antworten auf die Frage zu finden "Was kann geschehen, falls ...." (auch wenn Modelle nie eine komplexe Wirklichkeit voll erfassen können). Derartige 'what/if ....'-Fragen müssen auf verschiedenen Ebenen gestellt werden, z. B. denen der Produktentwicklung, -herstellung und -verwendung, d. h. in vollständigen Lebenszyklen für Produkte und Verfahren (vgl. Goldberg 1989 II).

4. Ausblick

Die Äußerungen einflußreicher Unternehmer geben Anlaß zu Optimismus: die Zeit, in der Umweltprobleme als störend und abstrus abqualifiziert wurden, nähert sich dem Ende. Nach dem Phasenmodell (vgl. Weidner 1989; für den Politikbereich erstellt, jedoch allgemein einsetzbar) dürfte man sich heute in den Phasen 3-4 befinden (büro-technokratisch aktive Umweltpolitik, bzw. präventive, auf flexible marktwirtschaftliche Instrumente aufbauende Umweltpolitik). Immer mehr Unternehmungen in immer mehr Ländern handeln mit steigender Umweltsensibilität. Drei Anlässe gibt es, sich nicht mit dem bisher Erreichten zufriedenzugeben:

(1) Noch ist der allgemeine Standard für umweltbewußtes Handeln nicht gleichmäßig hoch. Es gibt bedeutende Abweichungen nach unten zwischen Ländern, Branchen und Unternehmungen.

(2) Das Denken in vollständigen Lebenszyklen und der konsequente Einbezug aller Glieder in die Kette von Idee bis Endverwahrung ist noch zu schwach entwickelt und zu wenig in die Praxis umgesetzt (vgl. auch den Beitrag Türck in diesem Band).

(3) Umweltfragen sind nicht statischer, sondern dynamischer Natur. Stetige Aufmerksamkeit, beständige Suche nach möglichen Belastungen ist gefordert, immer und von allen.

Es soll daran erinnert werden, daß vor 20 Jahren, als Umweltfragen erstmals intensiver als zuvor an die Wirtschaft und die Politik gerichtet wurden, die Einstellung der Angesprochenen geteilt war. Die Majorität lehnte die Anklagen und Ansprüche zunächst ab, und zwar mit folgenden Motiven:

- die Umwelt wird nicht belastet (z. B. 'der Wind weht die Abgase weg'),

- man tut schon das, was möglich ist,

- es gibt keine umweltschonende Technik,

- der Wettbewerb mit (ausländischen) Billiganbietern, denen keine Umweltauflagen gemacht werden, läßt kostentreibende Maßnahmen nicht zu. Konsequenzen wären z. B. die Verlagerung von Arbeitsstätten ins Ausland.

Eine Minorität schätzte die neuen Signale ganz anders ein: es sei nicht eine 'Modewelle', die sich bald wieder verlaufen würde. Viele der vorgebrachten Argumente seien ernst zu nehmen. Die Wirtschaft stehe vor der Aufgabe, sowohl akute als auch langfristige Probleme zu lösen. Also würden auch Märkte für neue Umwelttechnik entstehen. Es gelte, sich nun für diese Märkte zu rüsten (z. B. unter Nutzung eigener Erfahrungen und eigener Fachkenntnisse bei der Lösung eigener Umweltprobleme).

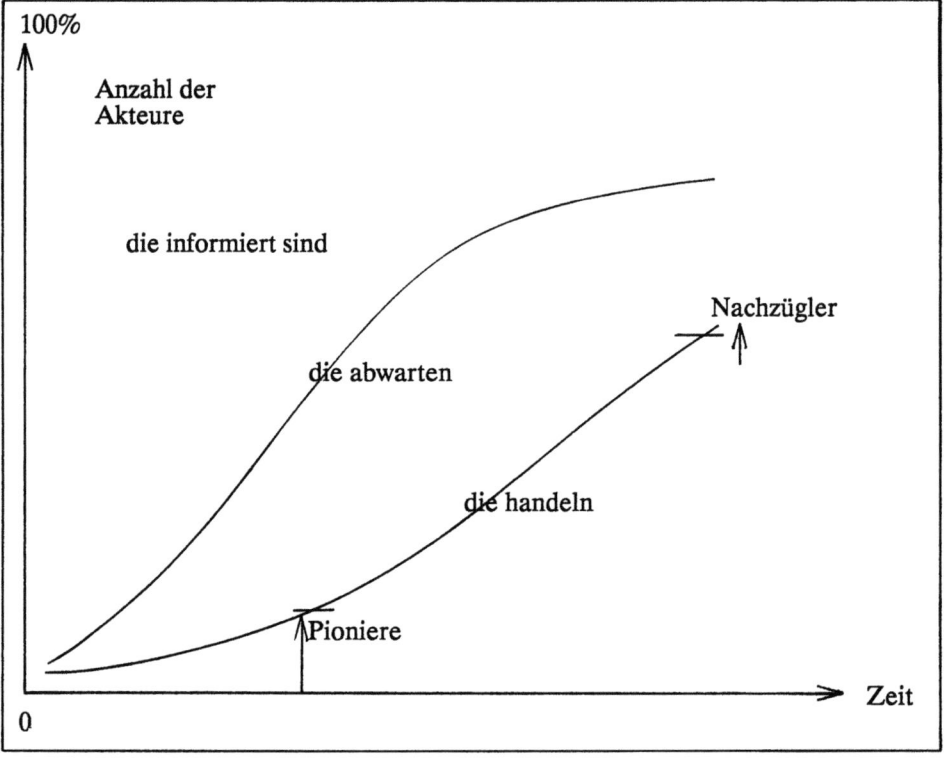

Abb. 2: Schematische Darstellung von Verläufen des Informationsstandes, der Wartehaltung und des Handelns bei Innovationen

Um die Entwicklung der 'frühen Jahre' (zweite Hälfte der 60er Jahre) in der Sprache der Innovationstheorie auszudrücken: es konnte ein typischer *Verbreitungsverlauf* (Diffusion) für Umwelttechnik beobachtet werden.

'Informiert sein' bedeutet nicht nur angesprochen sein, sondern auch Signale aufnehmen und auf ein Problem aufmerksam geworden zu sein.

Abwarten bedeutet z. B., ein Problem zwar erkannt zu haben, aber derzeit kein Handlungsbedürfnis oder keine Handlungsmöglichkeit zu sehen. Es besteht ein typisches Warteverhalten im Beobachten derer, die schon handeln: wie läuft es, was kostet es, was bringt das Handeln, zahlt es sich aus ?

Das Anpassungsverhalten kann auch so beschrieben werden, daß neue Signale von einer Führung (auf welcher Entscheidungsebene sie sich immer befindet) weit mehr subjektiv als objektiv ausgelegt werden. Das gleiche Signal, das von einer Unternehmung als Bedrohung empfunden wird, kann von einer anderen Unternehmung als eine neue Chance erkannt werden.

Der Unterschied ist eine Frage der Einstellung, der Befähigung und der Fähigkeit, einem Problem (einer Nachfrage) eine Lösung (ein Angebot) gegenüberzustellen.

Es sind also die unternehmerischen Fähigkeiten, die den wesentlichen Unterschied zwischen dem negativen und dem positiven Inhalt bei der Auslegung von Signalen ausmachen (vgl. Goldberg 1989 III).

So war es, und so wird es immer bleiben.

Literaturverzeichnis

Bern, L.: Miljömoral lönar sig (Umweltmoral lohnt sich), in: Svenska Dagbladet vom 18.05.1989

Brockhoff, K.: Forschung und Entwicklung: Planung und Kontrolle, 2. Aufl., München 1989

Goldberg, W.: Knowledge Required for Innovation, in: Lundstedt, S. B./Moss, T. H. (Eds.): Managing Innovation and Change, Dordrecht/Boston/London 1989 (zitiert als 1989 I)

Goldberg, W.: Zur Bewertung sozialer Folgen neuer Technik - ein Ansatz zur Synthese, in: FE-Rapport 1989, Göteborg 1989 (zitiert als 1989 II)

Goldberg, W.: Früherkennung im Technik-Management, in: FE-Rapport 1989, Göteborg 1989 (zitiert als 1989 III)

Griliches, Z.: Research Expenditure, Education, and the Aggregate Agricultural Production Function, in: American Economic Review, Vol. 54, 1954, pp. 962-974

Günther, K.: Nicht im Schweigekartell der Ingenieure: Umweltschutz als unternehmerische Herausforderung und Chance, in: Frankfurter Allgemeine Zeitung vom 18.08.1989

Munn, R. E.: Environmental Prospects for the Next Century: Implications for Long-Term Policy and Research Strategies, in: Technological Forecasting and Social Change, Vol. 33, 1988, pp. 203-218

Schneider, H. K./Hansmeyer, K.-H.: Gutachten zu wirtschaftlichen und ordnungspolitischen Instrumenten zum Schutze der Umwelt im Auftrag des Bundesumweltministers, Bonn 1989

Shetty, Y. K./Buehler, V. M. (Eds.): Quality, Productivity and Innovation, Amsterdam 1987

Trepo, G. X.: Introduction and Diffusion of Management Tools: The Example of Quality Circles and Totality Quality Control, in: European Management Journal, Vol. 5, 1987, pp. 287-293

Weidner, H.: Die Umweltpolitik der konservativ-liberalen Regierung im Zeitraum 1983-1988: Versuch einer politikwissenschaftlichen Bewertung, in: FS II 89-304, Berlin 1989

Witte, E.: Innovationsfähige Organisation, in: Zeitschrift für Organisation, 42. Jg., 1973, Heft 1, S. 17-24

Integrierter Umweltschutz

als Gegenstand

eines Umweltmanagements

Ulrich Steger

1. Ausgangslage

In der betriebswirtschaftlichen Literatur (vgl. Ullmann 1982, S. 14 ff.; Maas/Ewers 1983; Zimmermann 1985 und 1988; Steger 1988, S. 60 ff.; zusammenfassend: Antes 1988, S. 64 ff.) wird übereinstimmend die Auffassung vertreten, daß Unternehmen auf staatliche Umweltschutzmaßnahmen überwiegend mit Investitionen in sog. 'end of pipe-Technologien' (EOP), also nachgeschalteten Reinigungsanlagen, reagieren. Ökonomisch bedeutet dies, daß der Kapitalkoeffizient steigt (bzw. die Kapitalproduktivität sinkt), da nun mit einer größeren Kapitalmenge der gleiche Output erzeugt wird. Außerdem entstehen laufende Betriebskosten, und oft werden ökologische Probleme nur verlagert (so haben etwa die Klärschlämme aus Abwasser-Reinigungsanlagen erheblich zum Engpaß bei der Sonderabfallentsorgung beigetragen).

Normativ wird daher von den Unternehmen gefordert, eher in integrierte Technologien zu investieren, bei denen Schadstoffe erst gar nicht entstehen und die von daher

	Innovationen zur Beseitigung und Entsorgung von	
Mess- und Regeltechnik	- Messung, Analyse und Überwachung von Emissionen und - Ablaufsteuerung zur Optimierung von Verfahren und	
Erhöhung der Regenerationsfähigkeit der Umweltmedien	*Entsorgungstechnologien/ additive Technologien*	
	Bereits entstandene Schäden/Belastungen sollen nachträglich gemildert werden.	
- additive Technologien	- Zusatz zu bestehenden Produktions- und Konsumtionsprozessen ('unproduktives Kapital')	
- (gering)	Ökonomische und ökologische Vorteilhaftigkeit	

Abb. 1: Klassifikation von Umweltschutztechnologien

auch geringere Investitions- und Betriebskosten verursachen. Möglich wird dies durch Innovationen. Dabei darf die in der Literatur übliche Praxis einer Polarisierung zwischen additiven und integrierten Technologien nicht überstrapaziert werden. eher handelt es sich um ein Kontinuum (vgl. Abb. 1, Antes 1988, S. 69).

Aufgabe des folgenden Beitrages ist es zu erläutern, warum sich die Unternehmen bei einer gegebenen Technologiewahlregel so verhalten (Abschnitt 2) und wie dies bei einer strategischen Orientierung im Innovations- und insbesondere im Forschungs- und Entwicklungsprozeß (F&E) instrumentell geändert werden könnte (Abschnitt 3). Anhand der Erfahrungen eines praktischen Beispiels wird dann gezeigt, auf welche praktischen Schwierigkeiten diese Orientierung stößt.

Schadstoffen	
Innovationen zur Verringerung des Schadstoffanfalls	
Immissionen in Trägermedien aller Art ('unproduktives Kapital') Reaktionsvorgängen (Material und Energieeinsparungen)	
Recyclingtechnologien	*Integrierte Technologien*
Wiederholte Nutzung bislang nicht verwerteter Rückstände aus Produktion und Konsum	Verbesserung der Produktionsverfahren selbst; das Entstehen von Umweltbelastungen wird von vornherein ganz oder teilweise verhindert
- vom Produktions-/ Konsumtionsprozeß getrennte Rückgewinnung (additive Technologien) - integraler Bestandteil von Prozessen (z. B. Stoffkreisläufe)	- schadstoffärmere Produktionsverfahren - rohstoff- und energiesparende Produktionsverfahren
(Abwasser, Abfall, Luft, Lärm)	(groß) +

(Quelle in Anlehnung an: Antes 1988, S. 69)

2. Die traditionelle Technologiewahlregel

Im Anschluß an Hartje/Lurie (vgl. Hartje/Lurie 1984) kann die dominierende Technologiewahlregel wie folgt beschrieben werden:

- Bei der staatlichen Auflagenpolitik - dem vorherrschenden Instrument des Umweltschutzes - werden Grenzwerte festgesetzt, die von den Unternehmen einzuhalten sind. Eine Unterschreitung wird nicht honoriert. Unter diesen Bedingungen ist es für die Unternehmen - zumindest kurzfristig - rational, die 'billigste' Umwelttechnologie zu wählen, d. h. diejenige, die mit dem geringsten Aufwand die gegebenen Werte erreicht.

- Bei den Wahlmöglichkeiten zwischen der Standardtechnologie mit EOP und integrierten Technologien ist davon auszugehen, daß bei der integrierten Technologie die Akquisitionskosten in Form von F&E-Aufwendungen, Lern- und Umstellungskosten etc. höher sind.

- Es ist auch plausibel, daß die Kosten der Standardtechnologie o h n e EOP geringer sind als die der integrierten Technologie (ansonsten hätten die Unternehmen unter den früheren Kostenverhältnissen eine 'falsche' Technologie gewählt). Ausnahmen sind hierzu denkbar, wenn der allgemeine technische Fortschritt zu völlig neuen Lösungsmöglichkeiten führt.

Unter diesen Annahmen gilt:

$$K_{INT} < K_{ST} + K_{EOP}$$

mit K_{INT} = (Gesamt-)Kosten der integrierten Technologie
K_{ST} = Kosten der Standard-Technologie und
K_{EOP} = Kosten der Nachrüstung mit EOP.

In dem nicht unwahrscheinlichen Falle, daß die bestehenden Anlagen noch nicht das Ende ihrer betriebswirtschaftlichen Lebensdauer erreicht haben, müssen den integrierten Technologien noch die 'sunk-cost' (K_S) hinzugerechnet werden:

$$K_{INT} + K_S < K_{ST} + K_{EOP}$$

Unter diesen Bedingungen ist der 'bias' zu EOP klar ersichtlich:

- Bei der 'Geschwindigkeit' der Umweltschutzgesetzgebung, insbesondere dem Herabsetzen der Grenzwerte in den letzten Jahren, ist die Existenz von 'sunk-cost' sehr wahrscheinlich. Damit müssen aber die K_{EOP} schon sehr hoch sein (was sie aber in der Regel nicht sind), um dies zu kompensieren. Wenn bei der Nachrüstung mit Umweltschutzeinrichtungen auch noch eine Modernisierung der alten Anlagen vorgenommen wird (gut zu beobachten etwa bei der Installierung von Rauchgas-Entschwefelungsanlagen in Kraftwerken), verschiebt sich der Zeitpunkt, wo integrierte Technologien über den normalen Reinvestitionszyklus eine Chance haben ($K_S = O$), u. U. um eine weitere Dekade.

- Die Höhe der Lern- und Umstellungskosten darf nicht unterschätzt werden. Die Standardtechnologie ist im Zuge eines längeren Entwicklungsprozesses optimiert worden und die Betriebe beherrschen sie in der Anwendung (die Vorteile der Erfahrungskurve wurden bereits ausgeschöpft). Dies gilt nicht für die integrierten Technologien, die durchaus noch technische Risiken aufweisen und wo es anfangs oft schwierig ist, die geplanten Qualitätsstandards und Produktivitäten zu erreichen - insbesondere, wenn die Umstellung unter 'Vollzugsdruck' erfolgt. Auch stehen Anlagen ja in der Regel nicht allein (eher die Ausnahme: Kraftwerke), sondern sind in einen Produktionsprozeß integriert, woraus sich zusätzliche Kompatibilitätsprobleme (etwa bei Chemie-Betrieben) ergeben.

- Die staatliche Förderung war bisher - sowohl bei Sonderabschreibungen und zinsverbilligten Kreditprogrammen wie bei der Technologieförderung - auch eher auf additive als auf integrierte Technologien orientiert. Maßgeblich hierfür war der Druck, schnell Ergebnisse zu erzielen und nicht die Vorlaufzeiten für die Entwicklung einer integrierten Technologie in Kauf zu nehmen.

Dieser Versuch einer Erklärung, warum es bisher im Umweltschutz eine Orientierung auf EOP gab, wirft die Frage auf, wie im Rahmen einer strategischen Orientierung die Technologie-Entwicklung auch unter Umweltgesichtspunkten optimiert werden kann.

3. Integrierte Technologien in strategischer Perspektive

Konnte man in der Vergangenheit noch annehmen, daß die Unternehmen durch die staatliche Umweltschutzpolitik 'überrascht' wurden (nicht zuletzt, weil die Verbände oft den Eindruck erweckt haben, sie könnten dies noch - wie früher - verhindern), so kann heute diese Prämisse sicher nicht mehr gelten. Um ein praktisches Beispiel aus der Entsorgung zu nennen: auch ohne ein ausgefeiltes strategisches Informationssystem kann weder im Bereich der Verpackung noch der Hausgeräte oder der Automobilindustrie ein Management davon ausgehen, daß die Entsorgungskosten ihrer Produkte weiterhin externalisiert oder - wem auch immer zugerechnet - konstant bleiben.

Es kommt daher darauf an, antizipierend die künftigen Anforderungen an die Umweltverträglichkeit zu erfassen und zu berücksichtigen. Der geeignete Ansatzpunkt ist hierzu der gesamte Innovationsprozeß, insbesondere der F&E-Bereich (vgl. ausführlicher Steger 1988, S. 216 ff.).

Die Entwicklung neuer Produkte und Verfahren stellt dabei einen immer schwierigeren Abwägungsprozeß zwischen den verschiedensten, nur im speziellen Fall zu definierenden technischen und ökonomischen Kriterien dar, die nie im einzelnen maximiert, sondern nur insgesamt optimiert werden können. In diesen Abwägungsprozeß sind heute also zusätzlich Umweltkriterien zu integrieren. Wie dies geschehen kann, wird beispielhaft in Abb. 2 (vgl. Steger 1988, S. 220) aufgeführt. Die Grundidee ist, in allen sieben Phasen des Innovationsprozesses die Faktoren zu berücksichtigen, die unter Umweltgesichtspunkten die Neuentwicklung beeinflussen können. Dies reicht von konkreten gesetzgeberischen Absichten über die Antizipation von Kostenveränderungen (z. B. der Entsorgung) und Genehmigungsfähigkeit bis zur Vereinbarkeit mit dem Leitbild eines generell gestiegenen Umweltbewußtseins.

Diese Überlegungen sollen hier nicht weiter vertieft werden, vielmehr soll abschließend an einem praktischen Beispiel gezeigt werden, welche Schwierigkeiten dabei auftreten.

4. Integrierte Technologien: das Beispiel wasserlösliche Lacke in der Automobilindustrie

Im folgenden sei ein Fall diskutiert, der uns durch ein Forschungsprojekt im Unternehmensbereich bekannt wurde und daher hier 'stilisiert' wiedergegeben wird.

Konventionelle Lacke enthalten bis zu 60% Löse- und Bindemittel (mit einem hohen Anteil von Kohlenwasserstoffen), die beim Auftragen z. T. frei werden und nach Schätzungen des Umweltbundesamtes zu einer Emission von ca. 375.000 t pro Jahr führen. Nachdem schon früher im Rahmen einer freiwilligen Vereinbarung eine Absenkung um ca. 25% angestrebt wurde, enthielt die neue TA Luft von 1986 Grenzwerte für die Lösemittel, die nur durch Emissionsrückhaltemaßnahmen (thermische Behandlung der Abluft) oder Einsatz von neuartigen Lacken einzuhalten waren. Die Automobilindustrie als einer der größten Lackverbraucher hatte neben der Nachrüstung mit EOP dazu vier Optionen:

- Einsatz sog. High-Solids, in denen der Lösemittelanteil drastisch abgesenkt ist,
- Pulverlacke, die mittels thermischer Behandlung aufgebracht werden,
- Lacke, in denen die Bindemittel ohne Kohlenwasserstoffe waren, und
- sogenannte 'wasserlösliche Lacke', die aber (entgegen ihrem Namen) auch Alkohol und Glykol enthalten.

Sofern überhaupt schon Umstellungen vorgenommen wurden, hat man auf die wasserlöslichen Lacke verlagert, die etwa seit 1981 auf dem Markt sind und 1987 einen Marktanteil von ca. 4% hatten, allerdings mit stark wachsender Tendenz (Prognose für 1992: schon 50%). Der Hauptgrund für die Entscheidung zu wasserlöslichen Lakken waren die ähnlichen Eigenschaften, die die Verfahrensumstellungen - verglichen mit den anderen Alternativen - minimierten. Ein Nachteil dieser Variante ist aber, daß zum Trocknen erheblich mehr Energie (bis zum Faktor sieben) benötigt wird.

Im hier diskutierten Fall sprachen alle 'normalen' betriebswirtschaftlichen Investitionskalküle für eine Nachrüstung mit thermischen Abluftbehandlungsanlagen der noch gut funktionsfähigen Lackierstraße, statt auf die integrierte Technologie der wasserlöslichen Lacke zu setzen (die Relation der Investitionskosten lag etwa bei 1:15, Betriebskosten in etwa gleich). Allein aus strategischen Gründen entschied man sich für den sofortigen Einsatz der umweltfreundlicheren Lackiertechnik.

Bei der Implementierung traten dann folgende Probleme auf:

- Aufmerksam geworden durch Qualitätsprobleme bei einem Wettbewerber wurde es notwendig, eine labortechnische Anlage mit Kosten von unter 100 Mio. DM zur weiteren Erprobung zwischenzuschalten. Gravierender als die Kosten war dabei, daß die Inbetriebnahme der Lackieranlage nicht mehr mit dem geplanten Modellwechsel synchronisiert werden konnte, was bei den nachgelagerten Repara-

Neue Um-weltfaktoren \ Innovations-phasen	Produkthaftung Umwelthaftung	Umweltschutz Betriebskosten	Abfall Produktionsprozess
Problem-erkennungs- und Initial-phase	Ursachen: Veränderte Gesetzgebung oder Rechtsprechung, gestiegene Prämien, strengere Voraus-setzungen für Versicherungs-schutz	zu hoch im Vergleich zu Wettbewer-bern	gestiegene Sondermüll-gebühren
Analysen-phase und Ideensuche	Identifizierung der Schwach-stellen, Haftungsgründe	Recherchen über innovativere Verfah-durch Datenbanken, Abfragen von Messen usw., Variantenrechnung für entwicklungen für Entsorgung, Emis-	
Definitionsphase	Kriterien für die Optimierung von Produkt/Prozeß werden unter Beachtung		
Konzeptions-phase	Neue Produkt- und Prozeß-beschreibung mit unter-schiedlichen Risikograden	Auflisten der technischen Konzeptionen gischen Konsequenzen sowie die Inan-(z. B. durch Simulationsrechnungen mit	
Bewertungs- und Auswahlphase	Bewertung der Optionen nach Zielsystem der Unternehmung, Risiko-Prüfung der Vereinbarkeit mit Unternehmensressourcen, Entscheidung		
Entwicklungs- und Testphase	Prototypen und Pilotanlagen werden hergestellt, in Auftrag gegeben oder Auswertungen der Erfahrungen		
Realisierungs-phase - Erstfertigung bzw. Inbe-triebnahme - Serien-produktion - Marketing	Gewährleisten eines systematischen Rückkopplungsprozesses zur Produkt-Erfahrungen		

Abb. 2: Neue Umweltfaktoren und ihre Berücksichtigung

Recycling Produkt	Emissionsminderung, Produktion	Inputersparnis	Genehmigungstätigkeit	Vereinbarkeit mit Entwicklung, gestiegenes Umweltbewußtsein
Produktgestaltung behindert Materialrecycling, zu teure Entsorgung	schärfere Auflagen	gestiegene Material- oder Verarbeitungskosten	Langwierigkeit der Verfahren	Umweltfreundlichkeit als langfristige Wettbewerbsvoraussetzung
ren, Substitutionsmöglichkeiten Tochtergesellschaften (intern), verschiedene erwartbare Preissionsminderung, -standards etc.		Analyse von Substituten oder geringerem Verbrauchspotential, Abschätzung von Versorgungs- und Preisrisiken	Identifizierung der technischen Probleme und der Engpässe in der Bürokratie und von öffentlicher Akzeptanz	Identifizierung von Defiziten in den Optimierungskriterien im F&E-Prozeß
der Veränderung der relativen Preise, Risikofaktoren etc. neu definiert				
und Beschreibung ihrer ökonomischen und ökospruchnahme von Ressourcen des Unternehmens verschiedenen Preis- oder Grenzwertannahmen)			Neuformulierung der Öffentlichkeitsarbeit, Managementkapazitäten für Vorbereitung von Verfahren erhöhen	Initiierung einer Diskussion über veränderte F&E-Vorgaben beim Umweltschutz
freudigkeit und daraus abgeleiteter Innovationshöhe, auf Ebene der Unternehmensführung			Modifikation der F&E-Ziele	
Teilmengen der Produktion umgestellt,			beispielhaftes 'Durchziehen' eines Projektes	schrittweise Anpassung der F&E an die neuen Vorgaben
bzw. Prozeßmodifikation aus den gewonnenen			Erwerb eines 'standings' bei den Behörden und Vertrauenspotentials in der Öffentlichkeit	

im Innovationsprozeß (Quelle: Steger 1988, S. 220)

turbereichen zu einer aufwendigeren Lagerhaltung und Anwendungsrisiken führt (Verwechslungsgefahr durch zwei Lacksorten für ein Modell).

- Obwohl die neue Anlage insgesamt die Emissionsgrenzwerte der TA- Luft nur zu 15% ausschöpfte, gab es an einer Stelle Probleme: bei der Klarlackierung, wo nach dem heutigen Stand der Technik auf Lösemittel noch nicht verzichtet werden konnte, wurden die TA-Luftwerte geringfügig überschritten. Die Behörden waren nicht bereit, die Lackierstraße insgesamt zu betrachten, sondern verlangten an diesem Punkt eine thermische Nachbehandlung.

- Vermutlich psychologisch schwerwiegender als die Kosten war aber eine Auflage, wonach wegen befürchteter, aber relativ geringfügiger Geruchsprobleme auf dem Betriebsgelände durch Alkohol oder Glykol, die Ableitung (nicht Reinigung!) der Abluft über hohe Schornsteine verlangt wurde. Diese weithin sichtbaren Schornsteine zerstörten die Hoffnung auf einen Imagegewinn durch eine Fabrik ohne Schlote...

Aus Kenntnis anderer Beispiele, wie aus Erhebungen einer z. Zt. laufenden Untersuchung, kann angenommen werden, daß diesem Fall eine gewisse Repräsentativität zukommt. Es ist daher wohl zulässig, folgende deskriptive Schlußfolgerungen zu ziehen:

- Der Zeitbedarf für die Entwicklung integrierter Technologien darf nicht unterschätzt werden. Im vorliegenden Falle einer begrenzten Prozeßinnovation (die bewußt 'nahe' am traditionellen Verfahren gehalten wurde), dauerte es gut 10 Jahre, bis ein Marktanteil von 50% erreicht wurde. Dies zeigt, mit welchen Vorlaufzeiten zu rechnen ist.

- Die Lern- und Umstellungskosten integrierter Technologien stellen ebenfalls einen relevanten Faktor - zeitlich wie monetär - gegenüber den EOP dar.

- Integrierte Technologien sind keineswegs in ihren Umweltauswirkungen in allen Bereichen positiver als die Standardtechnologien, sondern nur per saldo - als Ergebnis eines Abwägungsprozesses - umweltfreundlicher (in unserem Beispiel wurde höherer Energieverbrauch geringer gewertet als die Kohlenwasserstoffemissionen).

- Die administrative Orientierung der Umweltbehörden erschwert zusätzlich die Anwendung von integrierten Technologien, vermutlich um so mehr, je höher der Innovationsgehalt ist.

Angesichts der drängenden Umweltprobleme läßt sich - präskriptiv - daraus begründen, daß die Politik durch eine innovationsorientierte Umweltpolitik (etwa durch marktorientierte Instrumente) die Rahmenbedingungen für integrierte Technologien verbessern muß, während die Betriebswirtschaftslehre verstärkt den Innovationsprozeß unter Umweltgesichtspunkten durchdringen und entsprechende Konzepte und Managementinstrumente entwickeln muß. Unverzichtbar gehört aber auch dazu der Mut des Managements, Umweltprobleme mit einer strategischen Orientierung anzugehen.

Literaturverzeichnis

Antes, R.: Umweltschutzinnovationen als Chancen des aktiven Umweltschutzes für Unternehmen im sozialen Wandel, Schriftenreihe des Instituts für ökologische Wirtschaftsforschung 16/88, Berlin 1988

Hartje, V. J./Lurie, R. L.: Adopting rules for pollution control innovations: End-of-pipe versus integrated process technology, Berlin 1984, (Internationales Institut für Umwelt und Gesellschaft/discussion paper 1984-6)

Maas, Chr./Ewers, H.-J.: Wirkungen umweltpolitischer Maßnahmen auf das Innovationsverhalten von Galvanik-Betrieben - Ergebnisse explorativer Fallstudien, Berlin 1983 (Internationales Institut für Umwelt und Gesellschaft/discussion paper 1983-12)

Steger, U.: Umweltmanagement - Erfahrungen und Instrumente einer umweltorientierten Unternehmensstrategie, Frankfurt a.M./Wiesbaden 1988

Ullmann, A. A.: Industrie und Umweltschutz - Implementation von Umweltschutzgesetzen in deutschen Unternehmen, Frankfurt a.M./New York 1982

Zimmermann, K.: Präventive Umweltpolitik und technologische Anpassung, Berlin 1985 (Internationales Institut für Umwelt und Gesellschaft/discussion paper 1985-8)

Zimmermann, K.: Technologische Modernisierung der Produktion - Eine Variante präventiver Umweltpolitik, in: Simonis, U. E. (Hrsg.): Präventive Umweltpolitik, Frankfurt a.M./New York 1988, S. 205-225

Innovationsmanagement

bei aktivem Umweltschutz

Hartmut Kreikebaum

1. Einführung

"Es ist allemal billiger, das Übel schon an der Quelle zu bekämpfen, als hinterher die Schäden beseitigen zu müssen." (Graf Hohenthal 1989, S. 1). Dieser Satz trifft nicht nur auf den passiven bzw. reaktiven Umweltschutz zu, er gilt auch für den integrierten Umweltschutz. Das haben nicht nur die auf der Tagung vorgetragenen Referate, sondern auch zahlreiche Diskussionsbeiträge deutlich gemacht. Die Beseitigung umweltschädigender Auswirkungen der Produktion durch frühzeitige Vermeidungsstrategien setzt ganz bestimmte Maßnahmen voraus, die auf dem Symposium aus der unterschiedlichen Sicht verschiedener Wirtschaftssysteme und Staaten beleuchtet wurden. Es bestand jedoch Übereinstimmung über die Notwendigkeit, das innerbetriebliche Innovationsklima zu verbessern und den integrierten Umweltschutz als eine Querschnittsaufgabe des Innovationsmanagements zu behandeln.

Der folgende Beitrag soll die Schwerpunkte eines Innovationsmanagements aus der Sicht des integrierten Umweltschutzes zusammenfassend darstellen. Dabei werden die Entwicklung von Strategien des integrierten Umweltschutzes, die Generierung innovativer Organisationsstrukturen und die innovationsfördernden Maßnahmen der Personalpolitik besonders herausgegriffen. Der Aufsatz enthält die Ergebnisse aus dem Forschungsprojekt "Qualitatives Wachstum durch Produkt- und Prozeßinnovationen in der chemischen Industrie als Gegenstand des F&E-Managements", das ebenso wie die internationale Arbeitstagung selbst durch die Volkswagen-Stiftung gefördert wurde.

2. Schwerpunkte eines Innovationsmanagements

Aus der Praxis wird berichtet, daß die folgenden Innovationsprobleme den Technologie-Unternehmen offensichtlich besondere Schwierigkeiten bereiten (siehe dazu Servatius 1988, S. 154):

- die Überwindung bestehender Widerstände,
- die Entwicklung eines geeigneten organisatorischen Rahmens für neue Geschäfte,
- Kommunikationsbarrieren zwischen den verschiedenen Funktionsbereichen,
- eine zu geringe Interaktion mit Anwendern und Kunden,
- Unsicherheiten in der Bewertung von Zukunftstechnologien und
- die Förderung kreativer Mitarbeiter.

Servatius leitet daraus die nachstehenden Aufgabenfelder eines Innovationsmanagements ab (Servatius 1988, ebd.):

- die Verbesserung des Innovationsklimas,
- die Einführung eines Venture Managements,
- ein beschleunigter Technologietransfer zwischen den Bereichen Forschung und Entwicklung, Produktion und Marketing,
- ein Technologie-Marketing im Vorfeld der Produkteinführung sowie
- die Förderung von Intrapreneuren und die Ausschöpfung des innerbetrieblichen Innovationspotentials.

Mit diesen Aufgaben, die auch von den Herstellern und Vertreibern anwenderbezogener Umwelttechnologien zu lösen sind, werden sich die nachfolgenden Ausführungen befassen. Vorab soll jedoch auf die Entwicklung von Strategien des integrierten Umweltschutzes näher eingegangen werden.

2.1 Entwicklung von Strategien des integrierten Umweltschutzes

Strategien des integrierten Umweltschutzes dienen der umweltpolitischen Vorsorge durch eine präventive Umweltpolitik (siehe dazu im einzelnen Simonis 1988). Die Entwicklung von Prozeßtechnologien, die Recycling als integrierten Bestandteil enthalten, bildet den Schwerpunkt langfristiger umweltpolitischer Strategieentscheidungen. Der Anteil der integrierten Umweltinvestitionen an den Umweltinvestitionen insgesamt betrug in der Zeitspanne von 1975 bis 1985 rund 20%, und zwar in der Bundesrepublik ebenso wie in den USA (siehe Zimmermann 1988, S. 331). Eine Trendwende läßt sich vermutlich nur dadurch herbeiführen, daß auf umweltpolitische Regulierungen zugunsten marktwirtschaftlich orientierter Lösungen verzichtet wird, um zu einer ökologischen Modernisierung durch Verfahrens- und Produktinnovationen vorzudringen (siehe Zimmermann 1988, S. 350; vgl. auch Zimmermann 1989, S. 45 f., sowie den Beitrag von Steger in diesem Band). Wie die vorliegenden empirischen Befunde erkennen lassen, zeigt sich eine Tendenz zur Einbeziehung ökologischer Gesichtspunkte in die Umstellung der Produktionstechnologie selbst insbesondere im Bereich der Abluftreinigung. In der Abwasserreinigung ist eine Verbesserung der Situation vor allem durch den Einsatz biotechnologischer Verfahren zu erreichen (vgl. Nolte 1982, S. 77-95). Hier wie auch im Abfallbereich erscheint die Entwicklung noch nicht abgeschlossen und eröffnet insbesondere der mittelständischen Industrie gute Absatzchancen (siehe dazu die Beispiele bei Kreikebaum 1989, S. 202 f.). Die vielfach geforderte ökologische Modernisierung läßt sich z. B. mit dem Einsatz moderner galvanotechnischer Produktionsanlagen erreichen, die mit geschlossenen Wasserkreisläufen arbeiten, teure Rohstoffe wesentlich rentabler verwerten, energiesparend produzieren und zugleich die Abwasserabgaben senken (siehe Wicke 1987, S. 82). Generell läßt sich sagen, daß der auf emissionsarme Technologien abzielende integrierte Umweltschutz den additiven Umweltschutzmaßnahmen in ökologischer, teilweise aber auch in ökonomischer Hinsicht überlegen ist.

Strategien und Maßnahmen des integrierten Umweltschutzes entsprechen dem Vermeidungsgebot des im November 1986 in Kraft getretenen Abfallgesetzes. Eingeschlossen in das Vermeidungsgebot ist die Anweisung an jeden Produzenten, bereits bei der Herstellung eines Produktes die spätere Entsorgung zu berücksichtigen und so wenig Abfälle wie möglich zu produzieren. Als ein erster Vorläufer des 'Umweltschutzes der zweiten Generation' ist das bereits 1964 von Bayer entwickelte Doppelkontaktverfahren zu nennen, bei dem der Schwefeldioxydgehalt in der Abluft von Schwefelsäurefabriken durch eine intelligente Prozeßführung um 90% verringert werden konnte, so daß das SO_2 gar nicht erst in die Abluft gelangte. Es versteht sich von selbst, daß der verfahrensbezogene Umweltschutz eine große Herausforderung für die Forschung im Bereich der Verfahrenschemie und Verfahrenstechnik bedeutet. Strategien des integrierten Umweltschutzes zielen deshalb darauf ab, die ökonomischen Systeme durch die Nachahmung von ökologischen Regelmechanismen umweltverträglicher zu gestalten. Dazu zählen beispielsweise die Ausnutzung natürlicher Recyclingprozesse und Mechanismen der Selbstregulation, der Energie-Inputs und anderer Ressourcen ebenso wie eine allseitige Vernetzung der Prozeßstufen.

2.2 Generierung innovativer Organisationsstrukturen

Unsere Kenntnis über die Auswirkungen unterschiedlicher Organisationsstrukturen auf das Innovationspotential der Mitarbeiter ist mangels empirischer Untersuchungsbefunde noch weitgehend spekulativer Natur (siehe Thom 1980). Wir wissen jedoch, daß die Phase der Ideengenerierung ein relativ hohes Maß an organisatorischer Flexibilität und individuellen Gestaltungsmöglichkeiten erforderlich macht, während die Effizienz der Ideendurchsetzung durch eine stärkere Formalisierung der organisatorischen Aufbau- und Ablaufstrukturen verbessert werden kann.

Ebenso wie die Strategieentwicklung und Technologieplanung bildet die Organisationsgestaltung einen wichtigen Baustein des Innovationsmanagements. Die folgende Abbildung zeigt die Integrationsfunktion des Innovationsmanagements in schematischer Form auf:

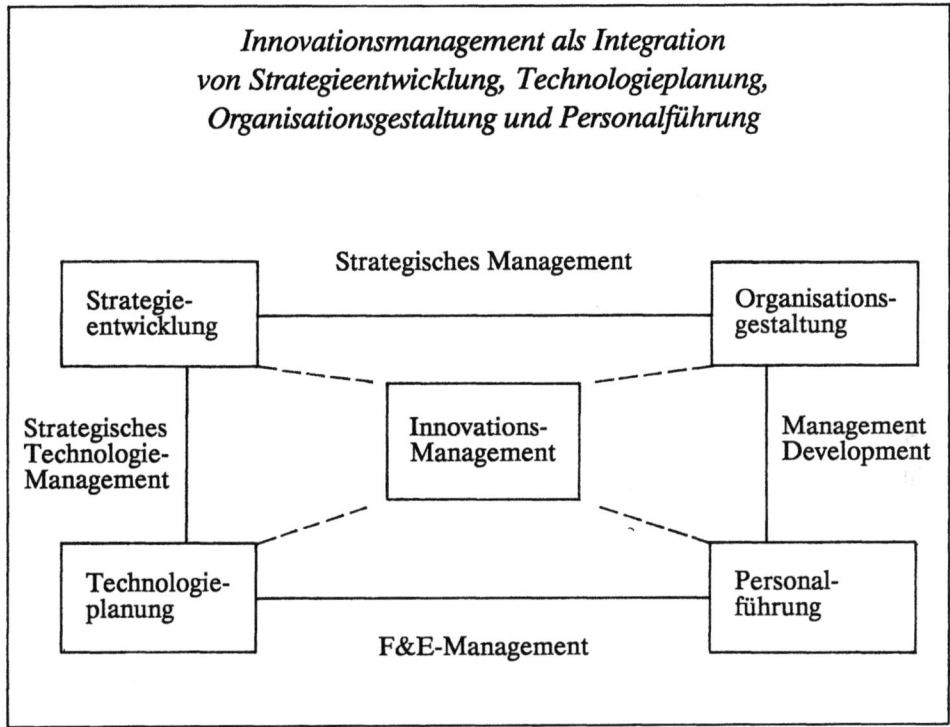

Abb. 1: Innovationsmanagement als Integrationsaufgabe
(Quelle in Anlehnung an: Servatius 1988, S. 22)

Sofern ein Unternehmen integrierte Umweltschutztechnologien nicht nur zur Eigenbenutzung entwickelt, sondern damit auch an den Markt herantritt, fällt als besonderes Problem die Kooperation zwischen F&E-Bereich, Produktion und Marketing an. Innovative Organisationsstrukturen zeichnen sich dadurch aus, daß die zwischen den genannten Bereichen häufig bestehenden organisatorischen Barrieren durch geeignete organisatorische Maßnahmen überwunden werden. Es geht dabei vorrangig um die Einbeziehung der F&E-orientierten Funktionen in eine systematische Analyse der Anwenderprobleme. Zudem muß durch eine möglichst enge externe Kooperation mit wichtigen Anwendern deren Bedarfsprofil ermittelt und ein gemeinsames Lernen ermöglicht werden.

Es besteht kein Zweifel daran, daß die Kundenprobleme und die Einzelfacetten der Unternehmensumwelt von den Funktionsträgern in unterschiedlicher Form wahrgenommen werden und im Forschungsbereich z. B. ein anderer Planungshorizont existiert als im Vertrieb und in der Produktion. Man wird deshalb versuchen müssen, durch ein gezieltes 'Schnittstellen-Management' eine gemeinsame Wissensbasis in den verschiedenen organisatorischen Einheiten des Unternehmens zu schaffen und die vorhandenen 'Kulturschranken' durch eine übergreifende Motivation der verschiedenen Aufgabenträger zu überwinden (vgl. dazu Brockhoff 1989, S. 114; auf die Bedeutung der Information als Mittel der Verhaltenssteuerung verweist Böhnisch 1979, S. 126-158). Eine solche Vernetzung der für die Entwicklung, die Herstellung und den Vertrieb von integrierten Umweltschutzprodukten Verantwortlichen kann auch dazu beitragen, die Innovationszeiten zu verkürzen und damit dem Unternehmen einen strategischen Erfolgsvorsprung zu verschaffen (siehe Brockhoff/Urban 1988).

Innovative Organisationsstrukturen sind auf eine zweckmäßige Arbeitsteilung und Kooperation zwischen Fachpromotoren und Machtpromotoren (siehe Witte 1973, S. 17 f.) angewiesen. Aufgrund von empirischen Befunden fügen Hauschildt/Chakrabarti dem Promotoren-Modell den "Prozeßpromotor" hinzu (Hauschildt/Chakrabarti 1988, S. 384 f.). Dieser steht insofern zwischen Macht- und Fachpromotor, als er die Produktideen zu einem Aktionsplan weiterentwickelt und dank seiner Menschen- und Organisationskenntnis die notwendigen Verknüpfungen herstellt. "Er ist in der Lage, die Sprache der innovativen Technik in die Sprache zu übersetzen, die traditionell in der Unternehmung gesprochen und verstanden wird" (Hauschildt/Chakrabarti 1988, S. 384). Die Prozeßpromotoren bilden das verbindende Glied im innerbetrieblichen Innovationsprozeß, sie sorgen für eine Koordinierung von Teilentscheidungen und steuern den gesamten Innovationsprozeß.

2.3 Innovationsfördernde Maßnahmen der Personalpolitik

In den Diskussionsbeiträgen zu den vorangegangenen Referaten wurde wiederholt die Bedeutung der Innovation für die Entwicklung integrierter Umweltschutztechnologien betont. Die Förderung der Innovationsfähigkeit und der Innovationsbereitschaft stellen dafür entscheidende Voraussetzungen dar. Unter marktwirtschaftlichen Bedingungen wird der Generierungsprozeß von Erfindungen und deren Durchsetzung zu einem Schlüsselfaktor der wirtschaftlichen Entwicklung. Sowohl im eigentlichen F&E-Prozeß selbst als auch bei der Einführung neuer Technologien erweist sich die Kreativität der Mitarbeiter immer mehr als ein Engpaßfaktor. Nach Auffassung von Staudt/Schmeisser wird personelle Qualifikation vor allem zur Überwindung technisch, personell und sozial bedingter Innovationswiderstände benötigt (siehe Staudt/Schmeisser 1987, S. 1143 f.).

Ein wichtiges personalpolitisches Instrument zur Förderung und Durchsetzung innovativer Ideen stellt das betriebliche Vorschlagswesen dar (siehe dazu unter anderem Losse/Thom 1977). Wie das Beispiel der Bayer AG zeigt, kann das betriebliche Vorschlagswesen auch zur Anregung von Ideen und zur Freisetzung von Kreativitätspotential im betrieblichen Umweltschutz genutzt werden. Als ein noch offenes Problem erscheint dabei die Bewertung des ökologischen Nutzens neuer Ideen.

In diesem Zusammenhang ist schließlich noch auf die Rolle des Umweltschutzbeauftragten im Innovationsprozeß aufmerksam zu machen. Dem Gewässerschutzbeauftragten, dem Emissionsschutzbeauftragten und dem Abfallbeauftragten werden über die Kontrollbefugnisse und Informationsrechte hinaus auch Initiativfunktionen bei der Entwicklung und Einführung umweltfreundlicher Verfahren und Erzeugnisse vom Gesetzgeber zugewiesen. Nach den vorliegenden empirischen Untersuchungen Ullmanns stehen allerdings die Kontrollaufgaben und die Berichtspflichten gegenüber der innovativen Tätigkeit des Umweltschutzbeauftragten im Vordergrund (vgl. dazu Ullmann 1981 und Ullmann 1982). Hier wird m. a. W. ein erheblicher Nachholbedarf deutlich.

3. Ergebnisse aus dem Forschungsprojekt "Qualitatives Wachstum durch Produkt- und Prozeßinnovationen in der chemischen Industrie als Gegenstand des F&E-Managements"

Die internationale Arbeitstagung, über deren Ergebnisse in diesem Tagungsband berichtet wird, bildet einen wichtigen Bestandteil des genannten Forschungsvorhabens. Das Ziel unseres Projekts bestand darin, empirisch fundierte Erkenntnisse über die Entstehung und den Ablauf von umweltschonenden Innovationen zu gewinnen.

Dabei standen vertiefte Fallstudien im Vordergrund, die in ausgewählten Unternehmen der chemischen Industrie erhoben wurden. (Für die dabei erfahrene Unterstützung danke ich Herrn Dipl.-Ing. Dipl.-Kfm. Rolf Schmidt, der das Vorhaben als Projektmitarbeiter betreute, sowie Herrn Dipl.-Kfm. Ralph Jahnke.)

Im Rahmen einer (auch von diesem Unternehmen unterstützten) Pilotstudie bei der Degussa AG zeigte sich, daß für die Initiierung und den Erfolg von Innovationen mit einem positiven Beitrag zum qualitativen Wachstum vor allem die nachstehenden Voraussetzungen entscheidend sind (siehe dazu ausführlich Kreikebaum 1990):

- die Steuerung des F&E-Subsystems im Rahmen der strategischen Unternehmensplanung;
- die organisatorische Ausgestaltung des F&E-Bereichs und seiner Schnittstellen zu anderen Unternehmensbereichen;
- die Unterstützung von Innovatoren durch Ideensponsoren (Promotoren);
- eine möglichst breite Informationsbasis der mit Innovationsaufgaben betrauten Personen.

Aufgrund der Ergebnisse der Pilotstudie formulierten wir eine Reihe von Ausgangshypothesen für die nachfolgende Hauptuntersuchung (siehe dazu Kreikebaum 1988, S. 158, S. 160 f.). Die zwischenzeitlich fortgeführte empirische Untersuchung in einer Reihe von Chemieunternehmen hat zu einer gewissen Modifizierung der Ausgangshypothesen geführt (die Veränderungen gegenüber den Ausgangshypothesen sind hervorgehoben).

Wie die Hypothesen und deren Überprüfung zusammenfassend erkennen lassen, ist das Innovationsmanagement im Bereich des integrierten Umweltschutzes auf entsprechende Steuerungsorgane und Aktivitäten ebenso angewiesen wie auf das erforderliche Innovations- und Kreativitätspotential der Mitarbeiter. Ferner deutet sich an, daß die traditionellen Hierarchiestrukturen auch in diesem Bereich der unternehmerischen Betätigung tendenziell an Einfluß verlieren zugunsten von Selbstorganisationsprozessen, wie sie sich z. B. in Venture Teams und Task Forces konkretisieren. An Stelle abgegrenzter Funktionsressorts treten zunehmend multidisziplinär zusammengesetzte Projektgruppen und interdisziplinäre Formen der Kooperation.

Schließlich zeigte sich, daß die Entwicklung und der Vertrieb von integrierten Verfahren des Umweltschutzes nicht nur auf Großbetriebe beschränkt bleibt (die dafür häufig eigene Organisationseinheiten bilden), sondern immer stärker eine Domäne

(1) Langfristig planende Unternehmen der chemischen Industrie erkennen das Erfolgspotential umweltschonender Produkt- und Prozeßinnovationen und **verstärken die Kongruenz zwischen ökologischen und ökonomischen Zielen durch eine entsprechende Steuerung ihrer F&E-Aktivitäten.**

(2a) Die Generierung von Innovationsideen wird durch **fähige und motivierte Mitarbeiter in den Bereichen F&E, Produktion und Marketing und deren Wechsel innerhalb dieser Bereiche begünstigt.**

(2b) Sie wird durch einen intensiven unternehmensinternen und -externen Informationsaustausch gefördert.

(3a) Die Realisierung umweltschonender Produkt- und Prozeßinnovationen wird durch eine flexible Organisationsstruktur begünstigt, **die Selbstorganisationsprozesse ermöglicht.**

(3b) Sie wird durch den von einem Ideensponsor geschaffenen sachlichen und zeitlichen Freiraum für den Innovator bzw. Forscher in der F&E-Abteilung positiv beeinflußt.

(4) Das innovatorische Potential von Unternehmen wird intern gesteigert durch
- eine **multidisziplinäre** Forschungsbasis,
- **den Aufbau interdisziplinärer F&E-Arbeitsgruppen,**
- die ungehinderte Kommunikation zwischen den einzelnen F&E-Abteilungen,
- eine enge Zusammenarbeit von F&E mit dem Vertrieb (Marketing) und der Produktion.

(5) Das innovatorische Potential von Unternehmen wird extern gesteigert durch
- **die Beteiligung von Anwendern an Neuentwicklungen,**
- die Forschungskooperation mit anderen Firmen innerhalb und außerhalb der Chemiebranche,
- die enge Zusammenarbeit mit öffentlichen Forschungseinrichtungen.

(6) Ein F&E-Management, das die Möglichkeiten für umweltschonende Anwendungsinnovationen erkennt, ist eher bereit, die marktnahe Forschung auf diesem Gebiet durch die Bildung und den Einsatz spezieller anwendungstechnischer Gruppen zu verstärken.

Abb. 2: Modifizierte Hypothesen des Forschungsprojekts "Qualitatives Wachstum durch Produkt- und Prozeßinnovationen in der chemischen Industrie als Gegenstand des F&E-Managements"

der Klein- und Mittelbetriebe wird (vgl. dazu auch die Beispiele bei Kreikebaum 1989, S. 200-202). Deren Nähe zum Kunden stellt eine wichtige Voraussetzung dafür dar, daß auch die Anwender an den entsprechenden Neuentwicklungen beteiligt werden. Potentielle Anwender sind Firmen innerhalb und außerhalb der chemischen Industrie.

Literaturverzeichnis

Böhnisch, W.: Personale Widerstände bei der Durchsetzung von Innovationen, Stuttgart 1979

Brockhoff, K.: Schnittstellen-Management. Abstimmungsprobleme zwischen Marketing und Forschung und Entwicklung, Stuttgart 1989

Brockhoff, K./Urban, Ch.: Die Beeinflussung der Entwicklungsdauer, in: Zeitschrift für betriebswirtschaftliche Forschung, Sonderheft Nr. 23, 1988, S. 1-42

Hauschildt, J./Chakrabarti, A. K.: Arbeitsteilung im Innovationsmanagement, in: Zeitschrift für Organisation, 57. Jg., 1988, S. 378-388

Hohenthal, C. Graf v.: Umweltpolitik geht nur global, in: Frankfurter Allgemeine Zeitung vom 22. 6. 1989, S. 1

Kreikebaum, H.: Die Steuerung von Innovationsinitiativen am Beispiel des betrieblichen Umweltschutzes, in: Lücke, W. (Hrsg.): Betriebswirtschaftliche Steuerungs- und Kontrollprobleme, Wiesbaden 1988, S. 153-162

Kreikebaum, H.: Strategische Unternehmensplanung, 3. Aufl., Stuttgart/Berlin/Köln 1989

Kreikebaum, H.: Innovationsmanagement bei aktivem Umweltschutz in der chemischen Industrie - Bericht aus einem Forschungsprojekt, in: Wagner, G. R. (Hrsg.): Unternehmung und ökologische Umwelt, München 1990, S. 113-121

Losse, K. H./Thom, N.: Das Betriebliche Vorschlagswesen als Innovationsinstrument, Frankfurt/Bern 1977

Nolte, R. F.: Innovation und Umweltschutz. Technologische und ökonomische Aspekte, dargestellt anhand ausgewählter Beispiele aus der Praxis, in: Ullmann, A. A./Zimmermann, K. (Hrsg.): Umweltpolitik im Wandel - von Beschäftigungseffekten zu Innovationswirkungen des Umweltschutzes, Frankfurt/New York 1982, S. 77-95

Servatius, H. G.: New Venture Management. Erfolgreiche Lösung von Innovationsproblemen für Technologie-Unternehmen, Wiesbaden 1988

Simonis, U. E. (Hrsg.): Präventive Umweltpolitik, Frankfurt 1988

Staudt, E./Schmeisser, W.: Innovation und Kreativität als Führungsaufgabe, in: Kieser, A./Reber, G./Wunderer, R. (Hrsg.): Handwörterbuch der Führung, Stuttgart 1987, Sp. 1138-1149

Thom, N.: Grundlagen betrieblichen Innovationsmanagements, 2. Aufl., Königstein 1980

Ullmann, A. A.: Der Betriebsbeauftragte für Umweltschutz aus betriebswirtschaftlicher Perspektive: Umweltpolitische Notwendigkeit oder gesetzgeberischer Perfektionismus?, in: Zeitschrift für betriebswirtschaftliche Forschung, 33. Jg., 1981, S. 991-1013

Ullmann, A. A.: Industrie und Umweltschutz - Implementation von Umweltschutzgesetzen in deutschen Unternehmen, Frankfurt/New York 1982

Wicke, L.: Offensiver betrieblicher Umweltschutz, in: Harvard Manager, 9. Jg., 1987, Heft 3, S. 74-82

Witte, E.: Organisation für Innovationsentscheidungen - Das Promotoren-Modell, Göttingen 1973

Zimmermann, K.: Umweltpolitik und integrierte Technologien: Entwicklungen und Determinanten in empirischer Analyse, in: Konjunkturpolitik, 34. Jg., 1988, Heft 5/6, S. 327-351

Zimmermann, K.: Umweltpolitik und integrierte Technologien: Der Quantitäts-Qualitäts Trade-off, FS II 89-303, Wissenschaftszentrum Berlin für Sozialforschung 1989

Das ökologische Produkt

Ansatzpunkte seiner Beschreibung und

Erfassung

Rainer Türck

1. Einleitung

Umweltschutz wird im Unternehmen in verschiedenen Bereichen durchgeführt. Neben den Investitionen in ökologieorientierte Anlagen (z. B. zur Filterung von Emissionen oder in Form von Technologien des integrierten Umweltschutzes) enthält die Produktpolitik ein erhebliches Potential zum Schutze der Umwelt.

Die Bedeutung der Produktpolitik hat im Zuge der Wandlung vom Verkäufer- zum Käufermarkt immer mehr zugenommen. Gleichzeitig entwickelten sich verschiedene Käufersegmente, die einerseits qualitativ hochwertige Produkte und zum anderen seit einigen Jahren auch verstärkt umweltgerechte Produkte nachfragen. Daraus ergibt sich die Forderung nach der ökologischen Qualität eines Produktes, die zur Entwicklung qualitativ hochwertiger, umweltorientierter Produkte führt. (Hier sollen die Bezeichnungen 'umweltfreundliches Produkt', 'ökologisches Produkt', 'ökologieorientiertes Produkt' und ähnliche Umschreibungen synonym verwendet werden. Auch der Meta-Aspekt, ob ein Produkt überhaupt umweltfreundlich sein kann, soll hier nicht vertieft werden.) Für derartige Produkte besteht aus Anbietersicht der Vorteil, höhere Preise und zumeist auch höhere Erträge erzielen zu können. Die Käufer erlangen mit dem Kauf nicht nur das 'formale Produkt' (vgl. Kotler 1982, S. 363-365), das den Grundnutzen stiftet, sondern sie realisieren außerdem mit ihrem erkauften Engagement für die Umwelt einen sozialen Zusatznutzen.

Es wäre jedoch eine Verkürzung der Sichtweise, würde unter ökologischen Produkten lediglich verstanden werden, daß sie umweltfreundlicher als ihre Vorgänger bzw. als andere Produkte des gleichen Verwendungszwecks sind. Auf diese Weise wären fast alle Produkte früher oder später 'ökologische Produkte'. Ein Produkt kann also nicht bereits aufgrund der positiven Variation einer einzigen Eigenschaft als ökologisches Produkt bezeichnet werden. Vielmehr sind zwei Dimensionen für das ökologische Produkt zu berücksichtigen: Einerseits müssen alle - oder zumindest die wichtigsten im Sinne von umweltbelastenden - Eigenschaften eines Produktes überprüft und anschließend umweltgerecht gestaltet werden. Zum anderen reicht es für einen Anbieter auch nicht aus, einige Eigenschaften ökologisch zu variieren, während weiterhin die dem Produkt vor- und nachgelagerten Stufen umweltbelastend sind.

Im folgenden werden verschiedene Ansätze zur Abgrenzung sowie eine eigene Matrix zur Erfassung des ökologischen Produktes vorgestellt.

2. Merkmale ökologischer Produkte

Generell liegt ein ökologisches Produkt vor, "wenn es gegenüber einem herkömmlichen Produkt den gleichen Gebrauchsnutzen erfüllt, aber bei der Herstellung, Verwendung und Vernichtung eine geringere Umweltbelastung hervorruft" (Töpfer 1985, S. 242).

2.1 Das wünschenswerte Produkt bei Kotler

Eine Abgrenzung umweltfreundlicher Produkte wird implizit von Kotler vorgenommen. Er unterteilt nach den Dimensionen der unmittelbaren Bedürfnisbefriedigung und des langfristigen Verbrauchernutzens. Dabei entsteht die in der folgenden Abbildung dargestellte Klassifikation.

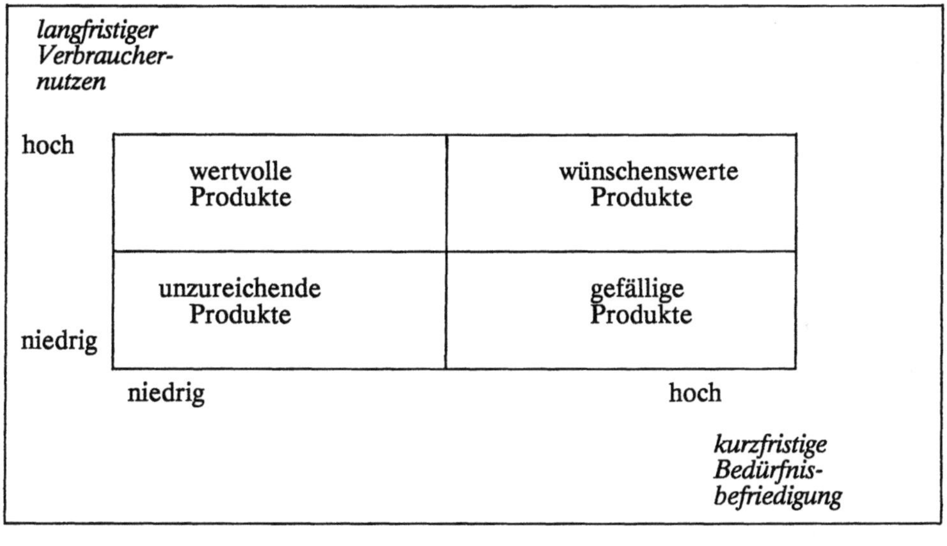

langfristiger Verbrauchernutzen		
hoch	wertvolle Produkte	wünschenswerte Produkte
niedrig	unzureichende Produkte	gefällige Produkte
	niedrig	hoch
		kurzfristige Bedürfnisbefriedigung

Abb. 1: Klassifikation vorhandener und neuer Produkte (vgl. Kotler 1982a, S. 68)

Mit diesem Ansatz lassen sich alle vorhandenen und geplanten Produkte einteilen. Kotler selbst spricht nicht ausdrücklich von ökologischen Produkten. Bei diesem

Modell ist jedoch die Umweltfreundlichkeit von Produkten unter dem Kriterium des langfristigen Verbrauchernutzens einzuordnen. Dieser drückt sich in der geringeren Umweltschädigung und der verbesserten Ressourcennutzung aus. Somit ist der Bereich ökologischer Produkte erreicht, wenn der langfristige Verbrauchernutzen hoch ist (wertvolle und insbesondere wünschenswerte Produkte).

Daneben spielt die unmittelbare Bedürfnisbefriedigung für die Klassifikation des ökologischen Produktes ebenfalls eine große Rolle. Unter dem Gesichtspunkt der Marktfähigkeit eines Produktes mit hohem langfristigen Verbrauchernutzen kommt es auch auf die Fähigkeit dieses Gutes zur kurzfristigen Bedürfnisbefriedigung an. Ökologische Produkte ohne diese Eigenschaft würden zwar umweltschonend sein, fänden aber nur schwer Nachfrager, da sie die aktuellen Bedürfnisse der Käufer nicht berücksichtigen. Für diese Produkte gäbe es dann nur ein geringes Absatzvolumen durch diejenigen Käufer, die sich bei ihrer Entscheidung eher an den langfristigen Nutzenwerten orientieren. Für die Produktplanung kommt es somit darauf an, bei der Produktgestaltung auch die Möglichkeiten einer kurzfristigen Bedürfnisbefriedigung zu berücksichtigen (vgl. Kotler 1982a, S. 69).

2.2 Das sozio-ökologische Produkt bei Cracco und Rostenne

Ein weiterer Ansatz zur Beschreibung des ökologischen Produktes wird von Cracco und Rostenne vorgestellt. Diese berücksichtigen die Knappheit der Umweltgüter, die positiven und negativen Effekte (v. a. die unbeabsichtigten outputs), die mit den Produkten in allen Lebensphasen verbunden sind, sowie die Interdependenzen zwischen vor- und nachgelagerten Bereichen. Daraus ergibt sich ein Konzept, das von Cracco und Rostenne als sozio-ökologisches Produkt bezeichnet wird (vgl. Cracco/Rostenne 1971, pp. 27-29). Es erweitert das traditionelle Konzept des Produktes als Bündel von Eigenschaften zur Bedürfnisbefriedigung (vgl. Brockhoff 1988, S. 3) um "the sum of all positive and negative utilities which must be accepted by society as a whole" (Cracco/Rostenne 1971, p. 28). Die Eigenschaften des Produktes und dessen Effekte auf den vor- und nachgelagerten Ebenen werden als Einheit gesehen. Dabei sprechen Cracco und Rostenne vom totalen Produkt (vgl. Cracco/Rostenne 1971, p. 29), bei dem somit sämtliche Wirkungen berücksichtigt werden. Diese sind nicht nur positiv und beabsichtigt, wie am Beispiel des Automobils und der dabei auftretenden Kontraproduktivitäten (vgl. Illich 1978, S. 52; Kreikebaum 1988, S. 50-54) deutlich wird (Erschöpfung von Ressourcen, Umweltverschmutzung, Unfälle, aber auch Arbeitsplätze, Mobilität und wiederum damit verbundene Belastungen). "This notion of backward causality is essential to understanding the fact that all the activities which precede the creation of a product are part of it and, therefore, all the utilities, positive and negative, which result are also part of the socio-ecological product" (Cracco/Rostenne 1971, p. 29-30).

Die wichtigsten Komponenten in diesem System sind die vier Dimensionen (vgl. Cracco/Rostenne 1971, p. 29-32), nach denen das sozio-ökologische Produkt beschrieben wird:

- die zeitliche Dimension,
- die physische Dimension,
- die psychische Dimension und
- die soziale Dimension.

Zur Beschreibung der zeitlichen Dimension führen die Autoren die Makro-Zeitperiode ein. Diese stellt ein Kontinuum von der Rohstoffgewinnung aus der Natur bis zur Rückführung der Stoffe in die Natur dar. Daneben existiert die Mikro-Zeitperiode, die die Spanne von einer Transformation zur nächsten beschreibt (Bsp.: vom Stahl zum Automobil). In beiden Fällen entstehen positive und negative Effekte.

Die physische Dimension als zweite Komponente des sozio-ökologischen Produktes ist ebenfalls in einem Systemansatz zu sehen. Einbezogen werden alle Elemente, die mit dem Produkt in räumlich-zeitlichem Zusammenhang stehen: einzelne Bauteile, vor- und nachgelagerte Systembestandteile sowie alle Nebenprodukte und der Ausschuß. Die negativen Effekte werden somit nicht externalisiert, auch wenn die Recyclingkosten höher als die entsprechenden Erlöse sind. Dadurch wird der Produktbegriff auf alle Wirkungen des Produktes ausgedehnt.

Das sozio-ökologische Produkt hat auch eine psychische Dimension, bei der sich ändernde Bedürfnisse und unterschiedliche Vorstellungen und Images betrachtet werden. Außerdem ergibt sich aufgrund der Vernetzung eines Produktes mit seinem Umfeld eine umfassende soziale Dimension. Es reicht dabei nicht, daß die Produkte die Käufer zufriedenstellen; vielmehr ist es nötig, darauf zu achten, daß sämtliche Effekte für die Gesellschaft wünschenswert oder zumindest akzeptabel bzw. annehmbar sind ('langfristiger Verbrauchernutzen').

2.3 Die umweltfreundliche Produktgestaltung bei Strebel

Für Strebel sind bei der Beschreibung des ökologischen Produktes die Erzeugnisgestaltung, die Gestaltung der Produktlebensdauer, die Wahl der Einsatzstoffe sowie das Recycling von besonderem Interesse, da sie die Umweltwirkungen eines Produktes bestimmen (vgl. Strebel 1980, S. 107-108).

Das wichtigste umweltpolitische Instrument ist hierbei die umweltfreundliche Produktgestaltung. Von ihr gehen direkte Umweltwirkungen aus, denn die Produktgestaltung bestimmt - durch die Ausnutzung der technischen und gestalterischen Freiheitsgrade - einerseits die zur Produktion notwendige Entnahme von natürlichen Ressourcen der Art und Menge nach; auf der anderen Seite werden durch sie auch die dann folgenden Umweltbelastungen bei Gebrauch und Beseitigung des Produktes stark beeinflußt. Die Produktgestaltung determiniert außerdem die Wirkungsmöglichkeiten anderer Instrumente der betrieblichen Umweltpolitik.

Bei der Abwägung zwischen verschiedenen Herstellungsverfahren zeigt sich als generelles Problem der (ökologische) Alternativenvergleich. Für jede Schadstoffart werden die Alternativen in eine partielle Präferenzordnung gebracht, so daß eine Alternative bezüglich eines Schadstoffes günstiger ist, wenn sie weniger emittiert. Eine totale Präferenzordnung über alle Schadstoffe läßt sich aber nur ableiten, wenn eine Alternative bei allen Stoffarten nicht mehr Belastungen verursacht als eine andere Alternative, bei mindestens einer Schadstoffart jedoch weniger (Pareto-Optimum). Oft sind die partiellen Präferenzordnungen jedoch verschieden, so daß besondere Amalgamierungsregeln nötig werden, die die ökologischen Vorteile gegen die ökologischen Nachteile abwägen (vgl. Strebel 1980, S. 77-78).

2.4 Das umweltfreundliche Produkt bei Thomé

Thomé unterscheidet bei der Beschreibung des ökologischen Produktes in Anlehnung an die amerikanische Literatur zunächst grundsätzlich goods (umweltfreundliche Produkte) und bads (umweltbelastende Produkte) (vgl. Thomé 1981, S. 74). Unter goods werden Produkte verstanden, "die durch ihre Produktion, ihre Verwendung oder ihre Beseitigung zu keiner schädlichen Erhöhung der jeweiligen ökologischen Umweltbelastungen führen" (Thomé 1984, S. 177). Diese Begriffsbildung ist insofern problematisch, als sie bereits die Vermeidung einer Erhöhung der Umweltbelastungen bei einem Produkt als ökologische Eigenschaft bezeichnet. Die Frage des Ausgangsniveaus bleibt damit unberücksichtigt. Auch Strebel spricht in ähnlicher Weise von umweltfreundlichen Produkten als Erzeugnissen, die in den drei Phasen "Produktion, Gebrauch und Beseitigung möglichst geringe ökologische Schäden verursachen" (Strebel 1978, S. 76). Diese Begriffsbildung zeigt, daß selbst die umweltfreundlichen Produkte nicht gänzlich ohne Umweltbelastungen auskommen.

Danach wären alle Produkte als bads zu bezeichnen. Deren Umweltbelastungen werden sowohl durch die Produktgestaltung als auch durch die Bedarfsprofile verursacht (vgl. Thomé 1981, S. 75-79). Thomé führt jedoch Zwischenkategorien für Produkte ein, die auf dem Umweltschutzmarkt angeboten werden. Zunächst sind Produkte zu nennen, die zur Prävention von Umweltbelastungen eingesetzt werden. Die Präventivprodukte kommen bei verschiedenen Bedarfsträgern und in verschiedenen Umweltbereichen zum Einsatz. Produktsegmente sind dann z. B. lärmarme Konsumgüter oder das Wasser nicht belastende Investitionsgüter (vgl. Thomé 1981, S. 81).

Eine weitere Kategorie bilden die antibads, d. h. Produkte zur Reduktion von Umweltbelastungen. Auch sie werden nach den Bedarfsträgern und Umweltbereichen unterteilt (vgl. Thomé 1981, S. 80, 82-84.). Aufgrund des Einsatzes der antibads entsteht eine weitere Produktkategorie: die Konsekutiv- oder Recyclingprodukte (vgl. Thomé 1981, S. 84-86).

2.5 Aktiver und passiver Umweltschutz bei Kreikebaum

Kreikebaum spricht in diesem Zusammenhang von Produkten und Verfahren für den aktiven bzw. passiven Umweltschutz. Der aktive Umweltschutz beinhaltet dabei Strategien, die sich mit der Entwicklung und dem Verkauf von Produkten zur Erfassung und Analyse von ökologischen Belastungen sowie zur Vermeidung und Beseitigung von Umweltschäden befassen (Umweltschutzgüter). Es geht also nicht wie beim passiven Umweltschutz lediglich um eine umweltfreundliche Produktpolitik durch eine entsprechende Produktgestaltung (Innovation bzw. Variation) oder -eliminierung; vielmehr wird der Umweltschutz als eine Marktchance gesehen. Ökologie und Ökonomie werden beim aktiven Umweltschutz gleichermaßen berücksichtigt (vgl. Kreikebaum 1989, S. 183-187; Kreikebaum 1988, S. 118-121).

3. Eigener Ansatz zur Erfassung des ökologischen Produktes

Zur Beschreibung des ökologischen Produktes ist ein ganzheitlicher Ansatz nötig. Zum einen reicht es nicht, nur eine relative ökologische Qualität zu erzielen, z. B. im Vergleich zum Konkurrenzprodukt oder zum Vorläufer des betrachteten Produktes. Andererseits müssen neben allen ökologisch relevanten Kriterien (inhaltliche Dimension) auch alle Lebensphasen eines Produktes (zeitliche Dimension) einbezogen werden (vgl. Hertz 1972; Öko-Institut 1987, S. 33-41). Unter dem Begriff der Lebensphasen von Produkten ist nicht der Begriff des Produktlebenszyklus zu verstehen, sondern es ist ein produktbiographisches Denken gemeint, das sogar über die Dauer der physischen Existenz des Produktes hinausgeht. Somit wird durch die ganzheitliche Betrachtungsweise verhindert, daß infolge der Vernetzungen der Produktionsabläufe über verschiedene Unternehmungen Umweltbelastungen auf andere Stufen des Lebenszyklus des Produktes verlagert werden.

Zur Bewertung des ökologischen Produktes wird hier ein Punktbewertungsverfahren vorgeschlagen, das zunächst die ökologisch relevanten Dimensionen der Produkte erfaßt. Dazu werden in den Spalten einer Matrix die verschiedenen Phasen im Lebenszyklus der Produkte dargestellt, während die Zeilen die unterschiedlichen ökologischen Kriterien beinhalten.

3.1 Die Lebensphasen eines Produktes

Die Umwelteinflüsse eines Produktes beginnen in den Phasen der Vorproduktgewinnung. Schon hier sind stoffliche und energetische Wirkungen auf die Umwelt zu verzeichnen, die auf das Endprodukt zurückzuführen sind. Die Elektroindustrie ist ein Beispiel für starke Vorverlagerungen von Umweltbelastungen: So liegen die Schwefeldioxydemissionen der Vorprodukte dieser Industrie um 900% über den Emissionen, die bei der Produktion innerhalb der Branche selbst entstehen (vgl. Strebel 1980, S. 76; Rat von Sachverständigen für Umweltfragen 1974, S. 236). Andererseits können durch Ausnutzung der Freiheitsgrade der Produktgestaltung positive Umweltwirkungen auf vorgelagerten Bereichen entstehen. Eine Unternehmung, die im Rahmen ihrer Strategie der ökologischen Qualität auch die Phase der Vorproduktgewinnung berücksichtigen will, muß hierfür dieselben umfangreichen Kriterienlisten überprüfen, wie sie bei der Analyse der Umweltverträglichkeit des eigenen Produktes erforderlich sind. Dabei treten Informations- und Kapazitätsprobleme auf, die ein einzelnes Unternehmen überfordern. Erst wenn alle Unternehmen für ihren jeweiligen Einflußbereich entsprechende Datenbanken aufbauen, können die Belastungen der vor- und nachgelagerten Bereiche als Summenwerte in die individuellen Berechnungen eingehen. Einen Ansatz hierfür bietet die ökologische Buchhaltung, die zwar keine produkt-, sondern unternehmensbezogene Umweltbelastungen erfaßt, die aber in diese Richtung ausgebaut werden kann (vgl. Müller-Wenk 1978).

In der Herstellungsphase ist das Einflußpotential der Verfahrenswahl und der Produktgestaltung auf die Umwelt für das jeweilige Unternehmen am größten. Im Bereich der Produktionstechnik besteht die Wahl zwischen verwertungsorientierten Technologien, prozeßnachgeschalteten Technologien (end of pipe-Technologien), emissionsarmen, integrierten Technologien (clean technologies) und innovativen Technologien (vgl. Kreikebaum 1988, S. 124-125). Bei dieser Wahl müssen die verschiedenen Technologien ebenfalls einer Bewertung unterzogen werden, ähnlich wie bei der ökologischen Produktbewertung. So sind z. B. die Art und Höhe des Energie- und Materialverbrauchs, die Belastungen der Umweltmedien und die Möglichkeiten des Recycling zu analysieren. Dazu werden Koeffizienten herangezogen, deren Ausprägung dann in die ökologische Bewertung eingeht: Der Abfallkoeffizient gibt beispielsweise die Abfallmenge eines Erzeugnisstoffes pro Mengeneinheit eines Endproduktes an. Werden auch Koeffizienten für Emissionen, Rohstoffausnutzung, Wiedergewinnung, Umwandlung usw. ermittelt, so können Vorteilhaftigkeitsaussagen für alternative Verfahren gemacht werden. Im Rahmen der ökologischen Produktbeurteilung sind die Koeffizienten zur Skalierung heranzuziehen.

Zwischen und innerhalb der verschiedenen Phasen treten Transportvorgänge auf, die ebenfalls in die ökologische Analyse eingehen müssen. Dabei sind u. a. Emissionen der Transportmittel, Gefahren durch die Beförderung gefährlicher Güter, eine effiziente Tourenplanung und die sachgerechte Wahl der Transportmittel zu bedenken.

Im Rahmen eines ganzheitlichen Ansatzes ist auch die Ge- und Verbrauchsphase zu analysieren. Hierbei werden die ökologischen Folgen der Nutzung der Produkte überprüft. Zahlreiche Produkte belasten die Umwelt bei der Verwendung stärker als bei der Herstellung (vgl. Strebel 1978, S. 78-79; Müller-Wenk 1978, S. 97). Bei der Beurteilung der Verwendungsphase geht es in erster Linie um den Energiebedarf (insgesamt sowie die Wirtschaftlichkeit der Nutzung), die Emissionen und die entstehenden Abfälle. In der Reparatur- und Wartungsphase sind durch eine Verlängerung der Nutzungsmöglichkeiten ökologische Belastungen zu verhindern bzw. zeitlich zu verzögern. Zumeist erscheinen Reparaturen ökologisch sinnvoller als die Beseitigung und erneute Produktion mit den entsprechenden Belastungen.

Ein ganzheitliches, produktbiographisches Denken erfordert auch die Berücksichtigung der Beseitigung des Produktes und der dabei auftretenden umweltgefährdenden Wirkungen. Dabei ist wiederum die Produktgestaltung gefordert, denn diese determiniert zum größten Teil die Recyclingmöglichkeiten, den zur Beseitigung nötigen Energieaufwand sowie die dabei auftretenden Emissionen und die nicht verwertbaren Abfälle.

3.2 Die ökologischen Kriterien der Produktgestaltung

Die für die ökologische Produktbewertung zu verwendenden ökologischen Kriterien sind vielfältiger Art. Als Hauptkriterien werden die folgenden Gruppen gebildet: Rohstoffe, Energie, Umweltmedien (Luft, Wasser, Boden), Lärm, Konstruktion und Verpackung. Diese sind jeweils weiter unterteilt. Beispielhaft soll hier die Beschreibung des Kriteriums Rohstoffe erfolgen; die Struktur der anderen Merkmale ist aus der Matrix (Abb. 3) abzulesen.

Die Beurteilung von Produkten beim Kriterium Rohstoffe bezieht sich zunächst quantitativ auf die Höhe des absoluten Rohstoffverbrauchs sowie auf die Effizienz der Materialausnutzung [Stoffökonomisierung (vgl. Schäfer 1978, S. 338-341)]. Im Rahmen einer inputorientierten betrieblichen Umweltpolitik wird versucht, die Verwendung aller - v. a. umweltbelastender - Rohstoffe möglichst einzuschränken bzw. durch eine entsprechende Verfahrenswahl und Produktgestaltung den Ausnutzungsgrad eines Stoffes zu maximieren.

Der qualitative Aspekt bei der Beurteilung des Rohstoffeinsatzes bezieht sich auf die Art der verwendeten Stoffe. Dabei werden Stoffe in regenerierbare, rezyklierte, knappe und umweltbelastende Materialien eingeteilt. Das Kriterium bei der ökologischen Produktbeurteilung ist der jeweilige Anteil der verschiedenen Rohstoffarten am gesamten Rohstoffverbrauch. Dieser Anteil wird entweder als Prozentzahl oder verbal ausgedrückt, um ihm im Punktbewertungsverfahren einen Skalenwert zuordnen zu können.

Zur Beurteilung der ökologischen Verträglichkeit von Stoffen sind außerdem deren ökotoxikologischen Eigenschaften zu untersuchen. Dabei handelt es sich u. a. um Dispersionstendenzen, Abbaubarkeit, Akkumulationsverhalten, Zerfallzeiten, Synergismen sowie um kanzerogene, mutagene und andere Langzeitwirkungen (vgl. Winter 1987, S. 150; Schultz 1984, S. 76; Bechmann 1985, S. 45a; Lahl/Zeschmar 1984).

Für jedes Kriterium der Matrix werden Skalen erstellt, anhand derer die Operationalisierung der Merkmale erfolgt. Für viele Belastungsbereiche existieren allgemein anerkannte Leitsubstanzen, die für charakteristische Umweltbeeinträchtigungen Schädigungsinformationen liefern und die auf kardinalem Niveau messen. So gibt z. B. Schwefeldioxyd (SO_2) Teilinformationen zur Beurteilung der Schadstoffbelastungen der Luft durch fossile Brennstoffe, ohne daß eine Vielzahl weiterer Stoffe ermittelt werden muß (vgl. Rosenberger 1985, S. 116). Bei anderen Kriterien sind nur ordinale oder nominale Messungen möglich, die durch Wertzuordnungen transformiert werden. Als Beispiel diene eine Skala zur Bewertung der Schwefeldioxydbelastung am Arbeitsplatz auf Basis des MAK-Wertes (*M*aximale *A*rbeitsplatz*k*onzentration):

Schwefeldioxyd (SO_2) am Arbeitsplatz

[mg/m^3]	Bewertung
> 5	- 2
3,5 < 5	- 1
2 < 3,5	0
0,5 < 2	+ 1
< 0,5	+ 2

Abb. 2: Bewertungsskala für Schwefeldioxyd am Arbeitsplatz

Im Zusammenhang mit der Erstellung dieser Skalen werden Grenzwerte festgelegt, die die maximale oder minimale Ausprägung der jeweiligen Indikatoren beschreiben. Die Verwendung von Grenzwerten ist nicht ohne Probleme. Diese betreffen z. B. die Wirkungszusammenhänge verschiedener Stoffe, Unsicherheiten bei der Übertragung von Ergebnissen toxikologischer oder epidemiologischer Experimente auf den Menschen oder die mangelnde Erfaßbarkeit aller Substanzen aufgrund der Vielzahl unter-

Lebensphasen / ökologische Kriterien		Vorprodukt-gewinnung	Herstellung	Transporte	Verwendung	Reparatur/ Wartung	Beseitigung
Rohstoffe	Art						
	Höhe des Verbrauchs						
	Effizienz						
Energie	Art						
	Höhe des Verbrauchs						
	Effizienz						
Umweltmedien	Luft: Art und Menge der Verschmutzung						
	Abbaubarkeit						
	Akkumulation						
	Ausbreitung						
	Geruch						
	Verfahren						
	Wasser: Art und Menge der Verschmutzung						
	Höhe des Verbrauchs						
	Effizienz						
	Verfahren						

Das ökologische Produkt

Boden	Art und Menge					
Lärm	Art der Geräuschemission					
	Höhe der Geräuschemission					
	Ort der Geräuschemission					
Konstruktion	Recyclingfähigkeit (Beachtung der Konstruktionsregeln)					
	Lebensdauer (Beachtung der Gestaltungsregeln)					
	Sonstige					
Verpackung	Packstoffaufwand					
	Mehrwegverpackungen					
	Recyclingfähigkeit					
Sonstige	Kombinationswirkungen					
	Abwärme					
	Erschütterungen					

Abb. 3 : Matrix zur ökologischen Produktbewertung (Kurzversion) schiedlicher Stoffe. Aus diesem Grunde stellen die Grenzwerte nur den kleinsten gemeinsamen Nenner dar (zur Problematik der Grenzwerte siehe Kortenkamp/Grahl/Grimme 1988).

Abbildung 3 stellt eine verkürzte Version der Matrix zur ökologischen Produktbewertung dar. Die Matrix wird für jedes zu untersuchende Produkt individuell angepaßt.

Die Matrix zur ökologischen Produktbewertung wird eingesetzt, um die von einem Produkt ausgehenden Umweltbelastungen zu erfassen und eine umweltbezogene Gesamtbewertung eines Produktes vorzunehmen. Dabei werden Anhaltspunkte einer umweltschonenderen Gestaltung einzelner Produktmerkmale geliefert. Auch kann die Eliminierungsentscheidung unterstützt werden. Neben dieser Bewertung individueller Produkte ist die Matrix auch einzusetzen, um mehrere Produktalternativen zu vergleichen und so das ökologische Produkt zu ermitteln. Dies geschieht entweder durch die Eliminierung ineffizienter Alternativen, deskriptive Bewertungsverfahren oder den Einsatz dieser Matrix im Rahmen einer Nutzwertanalyse.

4. Schluß

Eine Diskussion um die soziale und ökologische Verantwortung der Unternehmensführung kann sinnvollerweise nur geführt werden, wenn alle Beteiligten einheitliche Begriffe mit den gleichen Inhalten verwenden. Gerade der Begriff des ökologischen Produktes unterliegt dabei den verschiedensten Interpretationen - sicherlich auch deshalb, weil er im allgemeinen Sprachgebrauch (und v. a. in der Werbung) oft undifferenziert verwendet wird. Die dargelegten Abgrenzungen des ökologischen Produktes sollen das Spektrum möglicher Inhalte aufzeigen; die vorgestellte Matrix zur ökologischen Produktbewertung verfolgt den Zweck, die Operationalisierung des ökologischen Produktes zu erleichtern.

Literaturverzeichnis

Bechmann, A.: Umweltverträglichkeit als Testkriterium - Argumente für eine ökologische Erweiterung des vergleichenden Warentests, Berlin 1985

Brockhoff, K.: Produktpolitik, 2. Aufl., Stuttgart - New York 1988

Cracco, E./Rostenne, J.: The socio-ecological product, in: MSU [Michigan State University] Business Topics, Vol. 19 (1971), No. 3, pp. 27-34

Hertz, D. B.: Ecology challenges the science-based company, in: The McKinsey Quarterly, Vol. 9 (1972), No. 2, pp. 43-52

Illich, I.: Fortschrittsmythen, Reinbek bei Hamburg 1978

Kortenkamp, A./Grahl, B./Grimme, L. H. (Hrsg.): Die Grenzenlosigkeit der Grenzwerte - Zur Problematik eines politischen Instruments im Umweltschutz - Ergebnisse eines Symposiums des Öko-Instituts und der Stiftung Mittlere Technologie, Karlsruhe 1988

Kotler, P.: Marketing-Management - Analyse, Planung und Kontrolle, 4. Aufl. Stuttgart 1982

Kotler, P.: Die Bedeutung des Consumerism für das Marketing, in: Hansen, Ursula/Stauss, Bernd/Riemer, Martin (Hrsg.): Marketing und Verbraucherpolitik, Stuttgart 1982, S. 56-70 (zitiert als 1982a)

Kreikebaum, H.: Kehrtwende zur Zukunft, Neuhausen - Stuttgart 1988

Kreikebaum, H.: Strategische Unternehmensplanung, 3. Aufl. Stuttgart - Berlin - Köln 1989

Lahl, U./Zeschmar, B.: Grundfragen der Toxikologie, in: Michelsen, Gerd/Öko-Institut (Hrsg.): Der Fischer Öko-Almanach - Daten, Fakten, Trends der Umweltdiskussion, Frankfurt 1984, S. 200-205

Müller-Wenk, R.: Die ökologische Buchhaltung - Ein Informations- und Steuerungsinstrument für umweltkonforme Unternehmenspolitik, Frankfurt - New York 1978

Öko-Institut/Projektgruppe Ökologische Wirtschaft (Hrsg.): Produktlinienanalyse - Bedürfnisse, Produkte und ihre Folgen, Köln 1987

Rat von Sachverständigen für Umweltfragen: Umweltgutachten 1974, Stuttgart - Mainz 1974

Rosenberger, C.: Meßkonzepte zur Bestimmung der Umwelt- und Sozialverträglichkeit des Wirtschaftens, in: Öko-Institut: Projektgruppe ökologische Wirtschaft (Hrsg.): Arbeiten im Einklang mit der Natur - Bausteine für ein ökologisches Wirtschaften, Freiburg 1985, S. 111-131

Schäfer, E.: Der Industriebetrieb - Betriebswirtschaftslehre der Industrie auf typologischer Grundlage, 2. Aufl. Wiesbaden 1978

Schultz, S.: Umweltschutz - als Unternehmensziel denkbar? - Analyse von Instrumenten zur ökologischen Planung von Wirtschaftsunternehmen, Berlin 1984

Strebel, H.: Produktgestaltung als umweltpolitisches Instrument der Unternehmung, in: DBW, 38. Jg. (1978), S. 73-82

Strebel, H.: Umwelt und Betriebswirtschaft - Die natürliche Umwelt als Gegenstand der Unternehmenspolitik, Berlin 1980

Thomé, G.: Produktgestaltung und Ökologie, München 1981

Thomé, G.: Strategien zur umweltbewußten Produktplanung und -überwachung, in: Wieselhuber, Norbert/Töpfer, Armin (Hrsg.): Handbuch Strategisches Marketing, Landsberg 1984, S. 175-188

Töpfer, A.: Umwelt- und Benutzerfreundlichkeit von Produkten als strategische Unternehmensziele, in: Marketing-ZFP, 7. Jg. (1985), S. 241-251

Winter, G.: Das umweltbewußte Unternehmen - Ein Handbuch der Betriebsökologie mit 22 Check-Listen für die Praxis, München 1987

Leitbilder des integrierten Umweltschutzes zwischen Handlungsprogramm und Leerformel

Burkhard Strümpel/Stefan Longolius

1. Integrierter Umweltschutz

Fast alle Unternehmen des güterproduzierenden Sektors sind heute aufgerufen, dem Umwelt- und Ressourcenschutz ein größeres Gewicht bei ihrer Leistungserstellung einzuräumen. Voraussetzung dafür ist zum einen, daß Umweltprobleme von den Verantwortlichen in Unternehmen und Verbänden wahrgenommen werden, d. h. daß der 'objektive Problemdruck' zum 'subjektiven Handlungsdruck' wird, zum anderen, daß finanzielle, technische und personale Ressourcen zur Lösung dieser Probleme verfügbar sind. Ein dritter Punkt ist in der bisherigen Debatte vernachlässigt worden. Das von einem Umweltproblem betroffene Unternehmen braucht Vorstellungen über Alternativen seiner Wirtschaftstätigkeit: es braucht innovative Leitbilder.

Der Begriff 'Integrierter Umweltschutz' gehört zur Familie der Leitbilder. Er läßt es an Präzision fehlen. Das heißt nicht etwa, daß es sich nicht lohnte, sich mit diesem und ähnlichen Leitbildern wissenschaftlich auseinanderzusetzen. Im Gegenteil: Auf ganz anderen Gebieten haben wir es ebenfalls mit höchst ehrenwerten und einflußreichen, dabei aber unpräzisen Leerformeln zu tun. Erinnert sei im Jubiläumsjahr der Französischen Revolution an die Erklärung der Menschenrechte, die Kodifizierung der Grundrechte im Grundgesetz der Bundesrepublik Deutschland oder an die von Gorbatschow geprägte Vision eines 'gemeinsamen europäischen Hauses'.

Sucht man nach Beschreibungen für integrierten Umweltschutz, so wird der Verdacht auf Vagheit des Begriffs gestützt: "Bei bestehenden älteren mehrstufigen Produktionsprozessen kann Umweltschutz oft nur am Ende der Produktionskette ansetzen. Bei neuen Anlagen wird Umweltschutz schon in die Planung integriert. Beim integrierten Umweltschutz wird ein Verfahren gesucht, das Luft, Wasser und Boden von vornherein so wenig wie möglich belastet und das durch Verbundproduktion Reststoffe, soweit es geht, verwertet; zugleich müssen aber die technischen und wirtschaftlichen Ziele der Produktion erfüllt werden." (Verband der Chemischen Industrie 1989, S. 29). Ein Vertreter der chemischen Industrie faßt es kürzer: "Ziel unserer Forschung müssen Verfahren mit integriertem Umweltschutz sein, die bei möglichst geringem Rohstoff- und Energiebedarf möglichst wenig Abfall zur Folge haben" (Fonds der Chemischen Industrie 1988, S. 13). Ähnliche Definitionen lassen sich auch in anderen Verlautbarungen finden. Die Zielvorstellung scheint klar. Weg von nachgeschalteten additiven Umweltmaßnahmen wie Kläranlagen oder Filtern, hin zu Lösungen, die an den Emissionsquellen ansetzen.

Diese Beschreibungen liefern keine Kriterien, aufgrund derer eine bestimmte Produktionsmethode entweder mit dem Ehrentitel 'Integrierter Umweltschutz' versehen werden kann oder nicht. Die meisten Produktionen werden Elemente beider Verfahren (integriert und additiv) enthalten und darüber hinaus Umweltgüter und Ressourcen in Anspruch nehmen. Was bleibt ist folgende Regel: So wenig Umweltbelastung und Ressourcenverbrauch wie möglich.

Die chemische Industrie z. B. weist darauf hin, daß integrierter Umweltschutz im oben genannten Sinne als Leitbild bei ihr schon längst lebendig sei. Dieses stehe Pate bei den Bemühungen der Unternehmen, Kreisläufe möglichst geschlossen zu halten, indem Abfallstoffe entweder selbst wiederverwertet oder anderen Unternehmen z. B. mit Hilfe von Abfallbörsen zugeführt werden, die unter Federführung des Verbandes der Chemischen Industrie schon seit 1973 bestehen.

Das Hauptargument der Industrie für die Entwicklung an der Emissionsquelle ansetzender Produktionsverfahren ist, daß nachgeschaltete Lösungen die Einhaltung bestimmter Grenzwerte oft nicht gewährleisten bzw. der technische und finanzielle Aufwand für weitere Reduzierungen von Schadstoffen aus Abluft und Abwasser als nicht vertretbar angesehen wird. Damit bleibt der integrierte Umweltschutz gefangen im traditionellen Produktivitäts- und Wachtumsdenken. Umweltbelastende Produkte oder Stoffe wirken nämlich absolut und nicht relativ. Es ist zweifelsohne ein Fortschritt, wenn die ausbringungsspezifischen Emissionen um 50% gesenkt werden. Reicht dies aber aus, wenn Produktion und Verbrauch im gleichen Zeitraum um mehr als das Doppelte steigen? Das Beispiel des Autos macht dies deutlich. Trotz der verstärkten Entwicklung energiesparender Motoren und des vermehrten Einsatzes von Katalysatoren stieg der absolute Schadstoffausstoß aus Kraftfahrzeugen, weil immer mehr Menschen mit immer mehr und größeren Autos auf unseren Straßen fahren.

Dennoch könnte integrierter Umweltschutz ein Leitbild sein, das seine Funktion im Rahmen eines 'Management of Meaning' hat - oder zumindest bekommen könnte. Leitbilder sind keine konkreten Zielvorstellungen, sondern sind generalisierte, vereinfachende Formeln, Etiketten oder Metaphern. Sie setzen Normen und sind Instrumente der organisatorischen und gesellschaftlichen Einflußnahme und Kontrolle. Sie erlauben es, gleichermaßen als rational und legitim empfundene Programme zu entwerfen und durchzusetzen.

2. Leitbilder im Umwelt- und Ressourcenschutz

Die Unterschiede der Handlungslogik des Umwelt- und Ressourcenschutzes im Kontrast zu anderen Unternehmensfunktionen liegen darin, daß die Strategiebildung in der Produktion, im Marketing, im Finanzwesen typischerweise durch etablierte Subkulturen in den Unternehmen bestimmt wird. Hier ist normalerweise der monetäre Maßstab ein wichtiges Hilfsmittel der Rationalität. Zum Beispiel lassen sich Investitionsalternativen nicht immer befriedigend, aber doch häufig nach halbwegs plausiblen monetären Maßstäben bewerten. Anders der Umwelt- und Ressourcenschutz: Hier lassen sich vielleicht oft die Kosten, nur selten aber die Erträge quantifizieren. Zumindest sind die monetarisierbaren 'Benefits', wenn sie denn existieren, typischerweise nur ein Teil der relevanten Benefits. Image, Selbstbild, wahrgenommenes Fremdbild, symbolische Botschaften, Signale, erwartete Konsequenzen für die Interaktion mit dem gesellschaftlichen Umfeld spielen eine große Rolle.

Wir haben es mit einer Grauzone zu tun. Wo quantifizierbare Maßstäbe versagen oder ins zweite Glied zurücktreten, wo der Rechenstift stumpf wird und die Ethik unscharf, werden Leitbilder besonders wichtig: Ist Umweltschutz Zumutung oder Chance? Wird die öffentliche Kritik als Belästigung durch Laien oder 'Systemveränderer' oder als konstruktive Information über zukünftige Marktentwicklungen wahrgenommen? Ist Umweltschutz nur eine Mode oder eine der Bedingungen des organisatorischen Überlebens, mit denen Unternehmer ja entsprechend ihrem Selbstverständnis ständig konfrontiert sind?

Als Verhaltenswissenschaftler wollen wir wissen, wie sich diese Deutungsmuster vor Ort auswirken. Unser Projekt "Strategiebildung im Umwelt- und Ressourcenschutz", dessen erste Phase von der Schweißfurth-Stiftung, München, gefördert wird, will charakteristischen, wichtigen Verhaltensweisen von oder Weichenstellungen bei Unternehmen oder Branchen auf die Spur kommen. Ein Literaturüberblick zeigt, daß die staatliche Umweltpolitik wissenschaftlich sehr viel gründlicher aufgearbeitet ist als die unternehmerische, obwohl ja außerhalb der Landwirtschaft die güterproduzierende Industrie der primäre Aktor ist. Was immer geschieht im Umwelt- und Ressourcenschutz: Nichts geht ohne oder gegen die Industrie.

Uns interessieren gleichermaßen die Rolle von Unternehmen und die Interaktionen innerhalb der Branche einschließlich der Rolle von Verbänden. Unsere Arbeit orientiert sich an wichtigen Episoden und Problemkarrieren, etwa Katalysatoren in der

Automobilindustrie, Einweg-/Mehrwegverpackung zwischen Handel und Verpackungsindustrie, Fluorchlorkohlenwasserstoffe in verschiedenen Branchen, Produkte und deren Herstellung in der chemischen Industrie. Dabei analysieren wir sogenannte Knotenpunkte der Problemkarrieren, wo der Problemdruck besonders stark als Handlungsdruck wahrgenommen wird, sei es als Folge von Katastrophen und entsprechenden Reaktionen der öffentlichen Meinung, sei es von neuen wissenschaftlichen Erkenntnissen oder der Ankündigung staatlicher Eingriffe.

Unser Grundmodell ist einfach: Problemdruck im Umwelt- und Ressourcenschutz wirkt auf Unternehmen und Verbände. Dieser (quasi objektive) Problemdruck 'passiert' Filter (z. B. ökonomische, rechtliche und technische Rahmenbedingungen) und wird zum subjektiven Handlungsdruck, der von Unternehmen und Verbänden unterschiedlich verarbeitet wird. Ergebnis dieser Verarbeitung sind Strategien im Umwelt- und Ressourcenschutz.

Problemdruck --------> Filter ----------> Verarbeitung des Handlungsdrucks (Strategien)

Leitbilder spielen eine zentrale Rolle im Mittelfeld des Modells, dort wo Problemdruck gefiltert wird, in wahrgenommenen Handlungsdruck umschlägt. Bei den Recherchen und Gesprächen sind wir immer wieder auf solche Leitbilder gestoßen. Nachfolgend stellen wir einige vor mit dem Ziel, ihre Funktion und Reichweite verstehen zu können.

3. Weltbilder, Selbstbilder und Handlungsprogramme

Leitbilder haben unterschiedliche Dimensionen. Es lassen sich *Weltbilder* (Wie sehe ich mein gesellschaftliches Umfeld?) und *Selbstbilder* (Wie sehen die Angehörigen von Unternehmen bzw. Verbänden ihre Organisationen?) identifizieren. Beide haben Auswirkungen auf *Handlungsprogramme*.

3.1 Weltbilder

In unserer Gesellschaft treffen besonders im Umwelt- und Ressourcenschutz verschiedene Weltbilder aufeinander. Dem Leitbild der neuen sozialen Bewegungen 'Umwelterhaltung vor Wirtschaftswachstum und Großtechnologie' versuchte die Industrie zunächst mit dem 'Weltbild I' defensiv entgegenzuarbeiten, z. B. mit dem Hinweis, 'Sachzwänge' und die 'Verantwortung für die Erhaltung von Arbeitsplätzen' verböten ein Eingehen auf die radikalen Forderungen des Umwelt- und Ressourcenschutzes, wobei die Aktivitäten der Kritiker etwa als 'kurzfristige Mode des Zeitgeistes' abgetan wurden.

Dieses ist nicht gelungen. Das sehr robuste Leitbild der kritischen Öffentlichkeit war nicht aus der Welt zu schaffen. Die Industrie versuchte nun dieses Leitbild mit ihrem 'Weltbild II' zu besetzen, etwa mit folgenden Aussagen, die uns so oder ähnlich in unseren Gesprächen begegnen:

- "Wir haben Fehler gemacht, sind aber lernfähig. Deshalb hören wir den Grünen auch sorgfältig zu."

- "Wir geben viel für Umweltschutz aus und haben schon gute Erfolge erzielt, vom blauen Himmel über der Ruhr bis zum Katalysator und zur Verbesserung der Wasserqualität des Rheins."

"Wir tun jetzt schon viel und werden in der Zukunft alles tun, was nötig ist. Ihr müßt das der Industrie überlassen, weil bei uns im Gegensatz zu Staat und Öffentlichkeit der Sachverstand vorhanden ist. Wenn gesetzliche Regelungen, dann bitte langfristig und in Abstimmung mit uns."

Es wäre unzureichend, diese Veränderungen lediglich auf das Motiv der Imageverbesserung zurückzuführen. Unsere Gespräche deuten an, daß hier auch Lernprozesse stattgefunden haben.

3.2 Selbstbilder

Wichtig ist, daß dieser Übergang von Weltbild I zu II Konsequenzen für das Selbstbild hat. Leitbilder sind nicht teilbar, sie wirken nach außen und nach innen. Dies bedeutet, daß sich die Technostruktur, die Experten und Arbeitnehmer in den Unternehmen, auf die gleichen Kriterien und Standards berufen können wie die (kritische) Öffentlichkeit und auch der Staat. Auch auf diese Weise werden die Forderungen und Ansprüche neuer sozialer Bewegungen in die Unternehmen hineintransportiert.

Die Ausprägung von Selbstbildern, d. h. die Frage: Wie sehe ich meine Organisation, in der ich tätig bin? wird hier am Beispiel des Verbandes der Chemischen Industrie (VCI) illustriert. Aus der Sicht von mit Umweltschutzfragen befaßten Mitarbeitern des VCI hat sich der Verband vom Rechtshilfeverein und Ratgeber in wirtschafts- und handelspolitischen Fragen hin zu einer Institution entwickelt, die sich hauptsächlich mit Umweltschutz auseinandersetzt. Dabei sieht man sich heute als Transmissionsriemen gesellschaftlicher Anforderungen, was ein gewisses Maß an Selbstregulation einschließt. Während man früher die eigenen Mitglieder gegen staatliche und öffentliche Eingriffe bzw. Drohungen schützen wollte, versuche man heute, eher zu moderieren und insbesondere kleineren und mittleren Unternehmen im Umweltschutz durch Beratungsangebote zu helfen.

Dieses Selbstbild der für Umwelt- und Ressourcenschutz im Verband Zuständigen wird zum einen gestützt durch entsprechende Personalzuweisungen, die das Schwergewicht des Verbandes zugunsten der neuerdings verstärkten Funktionen verändern, mit allen Konsequenzen für Status, Aufstiegsmöglichkeiten etc. Von 200 - zum Teil hochspezialisierten - Beschäftigten des VCI sind etwa 25 direkt der Abteilung 'Technik und Umwelt' zugeordnet, wobei davon auszugehen ist, daß sich sowohl dieser Anteil in der Zukunft noch erhöhen wird, als auch die anderen Abteilungen (etwa 'Recht' oder 'Wissenschaft und Forschung') mehr oder weniger intensiv mit Fragen des Umwelt- und Ressourcenschutzes befaßt sein werden. Darüber hinaus greift der VCI auf einen Stab von ehrenamtlichen Mitarbeitern aus den Mitgliedsunternehmen zurück, die in vielen Ausschüssen, Koordinierungs- und Arbeitskreisen mitwirken. Die Anzahl dieses 'Dunstkreises' von Experten wird auf 500 bis 800 geschätzt (vgl. Schneider 1988, S.109).

Zum anderen ist 1987 unter dem Dach des VCI eine Beratung bzw. eine Vermittlung von Beratungsdienstleistungen für kleinere und mittlere Mitgliedsunternehmen in Form der 'Chemie-Umweltberatungs GmbH' institutionalisiert worden (Schottelius 1987). Vermittlung und Beratung erstrecken sich auf Fragen der technischen Sicherheit, des Arbeitsschutzes, des Gesundheits- und Umweltschutzes. Die Aufgaben werden von Experten des VCI und seiner (größeren) Mitgliedsunternehmen wahrgenommen.

Umwelt- und Ressourcenschutz erhält durch diese Maßnahmen ein bürokratisches Eigengewicht. Die Experten im Verband basteln an Regeln, Empfehlungen und Programmen, alle mit dem gemeinsamen Nenner, das Verhalten der Industrie zu beeinflussen. Dies ist weniger als Kette von Entscheidungen, als vielmehr als bürokratisch-inkrementaler 'Marsch durch die Institutionen' zu verstehen.

3.3 Handlungsprogramme

Weltbilder und Selbstbilder, selbst wenn sie verbalisiert werden, sind im allgemeinen weniger präzise als sie klingen, und gerade das macht ihren Einfluß aus. D. h. es ist nötig, sie inhaltlich/heuristisch 'zu besetzen'.

Niemand versteht sich besser als die Unternehmensberater und ihre Klienten auf das 'Management of Meaning'. Wie der schwedische Organisationswissenschaftler Sederberg schreibt:

"The ability to categorize the world verbally ... gives human beings a powerful but unstable instrument of control" (1984, S. 10).

Weltbilder und Selbstbilder werden zu Handlungsprogrammen konkretisiert. Die Automobilindustrie z. B. bekennt sich voll und ganz zu ihrer Verantwortung für Gesundheit, Umwelt und die Zukunft unserer Städte. Dieses zunächst stark leerformelhafte Leitbild ist mit ganz unterschiedlichen Programmen ausgefüllt worden. Zum einen mit einer erhöhten Energieeffizienz der Motoren, gemessen am spezifischem Energieverbrauch. Diese Strategie war in ihrer engen Definition überaus erfolgreich, ist allerdings in der Wirkung auf den Kraftstoffverbrauch gründlich überkompensiert worden durch Umsteigen des Publikums auf größere und schnellere Autos und durch die weitere Automobilisierung.

Nur zögernd ist die Branche dagegen auf die Themen Luftverschmutzung, Waldsterben, Katalysator eingegangen. Neuerdings hören wir sogar von führenden Vertretern der Industrie vereinzelt die Parole : 'Autos raus aus den Großstädten', besonders lautstark von solchen Unternehmen, die rechtzeitig, vielleicht sogar zu früh, in öffentliche Nahverkehrssysteme investiert und diversifiziert haben, wie z. B. Volvo.

Geschwindigkeitsbegrenzung ist dagegen immer noch ein Tabu, was sich daran zeigt, daß die Konstrukteure bis heute an der Entwicklung noch schnellerer Autos arbeiten.

Mehr als ein Tabu ist die Vision verminderter absoluter Umwelt- und Ressourcenbelastung durch das Automobil. Dies würde bedeuten, daß die zunehmende Automobilisierung durch Maßnahmen des Umwelt- und Ressourcenschutzes ständig überkompensiert werden müßte.

In der chemischen Industrie lassen sich Entwicklungsstufen dieser Art nicht so eindeutig identifizieren. Dies hat mehrere Ursachen: Erstens ist die Palette der vielfältig auf die Umwelt einwirkenden Produkte und eingesetzten Stoffe dieser Branche sehr heterogen, was bedeutet, daß sie sich auf eine Vielzahl von Umweltproblemen einstellen muß. Die Automobilindustrie hingegen sieht bei der Umweltdiskussion immer ihr einziges Produkt und damit ihre Existenzgrundlage betroffen.

Zweitens herrschen bei Fragen chemischer Stoffe und Produkte sowie deren Herstellung häufig diffuse Ängste vor, die zum einen auf die komplizierte Materie und damit zusammenhängende Wissensdefizite zurückzuführen sind. Zum anderen haben Unfälle wie in Seveso, Bhopal oder auch in Schweizerhalle erheblich zu dieser Entwicklung beigetragen. Einem Teil der Öffentlichkeit scheinen die Risiken, die mit 'der Chemie' zusammenhängen, nicht kalkulierbar. Anders beim Thema 'Auto und Umwelt': Hier glaubt jeder mitreden zu können, weil (fast) jeder Auto fährt. Erinnert sei an die aktuellen verkehrspolitischen Auseinandersetzungen in Berlin. Darüber hinaus scheint das Risiko, z. B. in einen Verkehrsunfall verwickelt zu werden, aus der Sicht vieler Autofahrer beherrschbar.

Drittens hat die chemische Industrie lange Zeit versucht, sie betreffende Fragen aus der öffentlichen Diskussion herauszuhalten ("Was hinter unseren Werkstoren geschieht, geht niemanden etwas an") und diese vertraulich in Fachgremien zu behandeln, was ihr zumindest bis weit in die 70er Jahre hinein auch gelungen ist. Diese Strategie war aus der Sicht der Industrie auch plausibel, da sie ihre Anliegen aufgrund der sehr komplexen und komplizierten Materie in 'kleinen Zirkeln', in denen z. B. auf seiten des Staates ebenfalls Fachleute sitzen, besser aufgehoben sieht. Diese 'Entmündigung' der Öffentlichkeit durch Experten (Illich 1979) hat aber mit dazu geführt, daß sich die chemische Industrie heute mit Pauschalurteilen ('Chemisierung unserer Umwelt') auseinandersetzen muß, die mit Zeitungsanzeigen allein nicht zu korrigieren sind.

Die chemische Industrie bekennt sich ebenso wie die Automobilindustrie zu ihrer Verantwortung für Umwelt und Gesundheit. Sie versucht, dies als kein neues Leitbild erscheinen zu lassen ("Umweltschutz haben wir schon immer gemacht"). Dennoch lassen sich zwei grundsätzliche Entwicklungen ausmachen, die die chemische Industrie - neben den angesprochenen spektakulären Unfällen - maßgeblich beeinflußten: Zum einen war dies der - stark international geprägte - Prozeß der Chemikaliengesetzgebung in den 70er Jahren, der das Problem der Chemikalienkontrolle aufgriff (vgl. die Studie von Schneider 1988). Ausfluß dessen war das 1982 verabschiedete Chemikaliengesetz, das von der umweltmedienbezogenen Sichtweise (Wasser, Boden, Luft) weg hin zu einem stoffbezogenen Ansatz führte. Jeder nach dem 1. September 1982 in Verkehr gebrachte neue Stoff muß danach bei staatlichen Stellen angemeldet werden, wobei die Einbeziehung von Altstoffen im Zuge der anstehenden Novellierung des Chemikaliengesetzes diskutiert wird. Die Überlegung, die hinter dieser Regelung stand, war, daß die Umweltwirkungen einzelner chemischer Stoffe nicht nur ein Medium betreffen, sondern häufig die Situation von Boden, Wasser und Luft beeinflussen. Die chemische Industrie sah in dem Gesetz ein hohes Innovationshindernis. Man wollte sich aus Gründen der Geheimhaltung von Neuentwicklungen nicht in die Karten sehen lassen. Heute hat man die Notwendigkeit von Kontrollen erkannt und akzeptiert ein öffentliches Interesse daran, was hinter den Werkstoren und darüber hinaus mit den Produkten und Stoffen in der Umwelt geschieht. Unter Mitarbeit des VCI und der Gesellschaft deutscher Chemiker (GdCh) werden auch seit längerem Altstoffe systematisch nach ihren Umweltwirkungen erfaßt und bewertet.

Zum anderen ist die sogenannte 'chemiepolitische Diskussion' zu nennen, die 1982 ihren Anfang nahm (vgl. Held 1988). Ein wesentlicher Inhalt dieser Debatte, die von der chemiekritischen Seite initiiert wurde, ist die Kontroverse 'harte vs. sanfte' Chemie. Die Vertreter der sanften Chemie propagieren ihre Ziele mit einem weiteren Leitbild, nämlich dem des 'Weg von der Chlorchemie, hin zur Naturstoffchemie'. Ohne auf diese Kontroverse im einzelnen eingehen zu können bleibt festzuhalten, daß dies ein Tabuthema für die chemische Industrie ist. Sie hält dagegen, daß es keinen Gegensatz zwischen einer 'harten', traditionellen und einer 'sanften' Naturstoffchemie gibt.

Die der chemischen Industrie aufgezwungene chemiepolitische Diskussion hat aber gleichwohl brancheninterne Auswirkungen gehabt. Im Mai 1986 hat der VCI 'Umwelt-Leitlinien' veröffentlicht, in denen es heißt (VCI 1988, S. 8): "Gesundheits-, Arbeits- und Umweltschutz haben für die chemische Industrie einen hohen Rang". Diese Grundaussage wird ausgefüllt mit einer Reihe von programmatischen Zielvorgaben, wie z. B.:

- "Für Umweltschutz und Anlagensicherheit gelten für die deutschen Unternehmen und ihre Tochtergesellschaften im In- und Ausland gleiche Grundsätze."

- "Wenn es die Vorsorge für Gesundheit und Umwelt erfordert, wird sie (die chemische Industrie, d. Verf.) ungeachtet der wirtschaftlichen Interessen auch die Vermarktung von Produkten einschränken oder die Produktion einstellen."

Die 'Umwelt-Experten' des VCI und der in dessen Gremien vertretenen Unternehmen hatten damit einen Rahmen, um problemspezifische Regeln und Verhaltensempfehlungen für die chemische Industrie auszuarbeiten. Dies wurde insbesondere nach dem Lagerbrand bei Sandoz in Schweizerhalle Anfang November 1986 deutlich. Schon vier Wochen später (am 5. Dezember 1986) wurde ein 13-Punkte-Katalog mit Sofortmaßnahmen vorgelegt, dem zahlreiche und umfangreiche Verhaltensempfehlungen und Sicherheitskonzepte folgten, die über die durch den Brand offenkundig gewordene Problemstellung der Lagersicherheit zum Teil weit hinausgingen. Dies und die kurzfristige Reaktion des VCI sind mit den - zweifellos berechtigten - Erwartungen der Branche in Bezug auf zukünftige schärfere gesetzliche Regelungen nach dem Unfall allein nicht zu erklären. Vielmehr spricht es dafür, daß schon vor Sandoz einige dieser Papiere von den Experten ausgearbeitet wurden - quasi 'in der Schublade' lagen. Sandoz war dann der Anlaß, die entwickelten Programme auf die Tagesordnung des VCI zu setzen und zu verabschieden. In dieser Phase beherrschten die für Umweltschutz verantwortlichen Experten die Bühne.

Dieses 'Vorpreschen' wird von Unternehmensvertretern teilweise kritisch gesehen. Einer unserer Gesprächspartner erklärt sich das so:

"In den 50-er und noch in den 60-er Jahren waren die Chemiker die Wunderknaben. Daran war ja auch etwas, wenn man an die Errungenschaften der Chemie und die damit verbundene Steigerung der Lebensqualität denkt. Das wird heute häufig vergessen. Dann wurde der ganze Industriezweig in einem relativ kurzen Zeitraum verteufelt, fiel sozusagen von einem Extrem ins andere. Dies war für die Führung der chemischen Industrie eine ungewohnte Situation, weil es auch das Selbstverständnis der Chemie betraf.... Und plötzlich wurden dieselben Leute als 'Giftmischer' verteufelt. Es hat dann eine Entwicklung eingesetzt, die dazu führte, daß führende Leute in der chemischen Industrie nun auch im Umweltschutz zur 'Nummer Eins'werden wollten. Anders ist es nicht zu erklären, daß nach Schweizerhalle ... freiwillige Maßnahmen im Sinne der VCI-Leitlinien (gemeint sind die Umwelt-Leitlinien, d.Verf.) beschlossen wurden, die zu dieser Zeit weit über den Gesetzesstand hinausgingen".

Deutlich wird, daß bei der Umsetzung von Welt- und Selbstbildern in Programme die üblichen Attribute der Rationalität auf der Strecke bleiben: die Abwägung von Zielkonflikten und Zielpluralität, monetäre Erwägungen etwa durch systematische Gegenüberstellung von Kosten und Nutzen, Entscheidungen aufgrund hierarchisch dominierter Entscheidungsfindung: Wir sind zurückgeworfen auf Galbraiths Technostruktur, die Beobachtung, daß die Experten in den Stäben de facto strategiebestimmend sind.

Hieraus folgt, daß Leitbilder Kontrollinstrumente sind, aber nicht notwendig von oben. Sie lassen Spielraum, sie erlauben Delegation, sie laden dazu ein, daß die von Machtpromotoren vielleicht grob umrissenen Konzepte und Visionen von Fachpromotoren mit Programmen ausgefüllt werden.

Wir glauben nach unseren bisherigen Ergebnissen, daß integrierter Umweltschutz ein nützliches, aber eben wieder auch nur vorübergehendes und unvollkommmenes Leitbild sein kann. Die externe Grundsatzkritik am unternehmerischen Verhalten in Bezug auf Umwelt- und Ressourcenschutz wird sich mit dem Konzept des integrierten Umweltschutzes nur zeitweise beschwichtigen lassen, weil es nur scheinbar ein Lösungsweg ist, in Wirklichkeit aber den Herausforderungen des Umwelt- und Ressourcenverbrauchs nicht gerecht wird. Dies gilt, weil es ein relatives Konzept ist, bezogen auf das Produktionsverfahren. Es ist aber kein absolutes Konzept, das zumindest für die Branche die Verminderung der *absoluten* Umwelt- und Ressourcenbelastung postuliert.

Literaturverzeichnis

Fonds der Chemischen Industrie (Hrsg.): Chemie - Forschung für die Umwelt, Schriftenreihe des Fonds der Chemischen Industrie, Heft 30, Frankfurt a. M. 1988

Held, M. (Hrsg.): Chemiepolitik: Gespräch über eine neue Kontroverse, Weinheim 1988

Illich, I. u. a.: Entmündigung durch Experten. Zur Kritik der Dienstleistungsberufe, Reinbek 1979

Schneider, V.: Politiknetzwerke der Chemikalienkontrolle, Berlin 1988

Schottelius, D.: Beratung hilft Umwelt verbessern, in: Chemische Industrie, 1987, Heft 9, S. 1

Sederberg, P.: The Politics of Meaning, Tucson 1984

Verband der Chemischen Industrie (Hrsg.): Umwelt-Leitlinien, 3. Auflage, Februar 1988

Verband der Chemischen Industrie (Hrsg.): Umweltbericht 1988/1989, Frankfurt 1989

Integrierter Umweltschutz

aus der Sicht der Umweltpolitik

Rudolf Vieregge

1. Umweltschutz als Herausforderung für Unternehmensplanung und Unternehmensführung

Das Interesse, das aus der Sicht der Umweltpolitik an der Einbeziehung umweltbezogener Zielsetzungen in den Kanon der Unternehmensziele besteht, hat Bundesminister Töpfer in einem Grußwort zu dem Mainzer AIESEC-Kongreß vom Januar dieses Jahres, der das Thema "Die ökologische Herausforderung für die Wirtschaft" behandelte, mit folgender Formulierung umrissen:

"Die Erhaltung unserer natürlichen Umwelt als Lebens- und Produktionsfaktor kann nur im Miteinander von Staat und Wirtschaft erfolgen. Aufgabe des Staates ist dabei die Schaffung eines ökologischen Rahmens der Sozialen Marktwirtschaft, in dem die Unternehmen Umweltschutzziele auf effiziente Art und Weise umsetzen können.

Aufgabe und Ziel der Unternehmen muß dabei eine umweltbewußte Unternehmensführung sein. Umweltorientierte Unternehmensführung bedeutet dabei für mich, daß die ökologischen Aspekte bis hin zum Marketing bei den Unternehmensentscheidungen frühzeitig berücksichtigt werden.

Umweltschutz ist somit Herausforderung, aber auch Chance für jeden Unternehmer. Gefordert ist Kreativität zur Entwicklung und zum Einsatz neuer schadstoffarmer Produktionsmittel, emissionsarmer Produktionsverfahren und umweltverträglicher Produkte. Dabei geht es vor allem auch um Umweltschutzlösungen, die bereits dort einsetzen, wo die Schadstoffe entstehen: im Produktionsprozeß" (Töpfer 1989 a, S. 5). Hier werden zwei Aspekte deutlich, die Umweltpolitik - wenn sie denn erfolgreich sein will - ganz entschieden berücksichtigen muß.

Erstens: Umweltpolitik muß dort ansetzen, wo die Hauptquellen der Umweltbelastung sind. Das sind nach wie vor Industrie und Gewerbe, aber selbstverständlich auch Landwirtschaft und Verkehr. Hier muß Eigenverantwortung für die Umwelt eingefordert werden, hier müssen Initiativen für neue Lösungen mobilisiert werden.

Zweitens: Die Lösung unserer heutigen Umweltprobleme ist nicht denkbar ohne den Einsatz moderner Technik. Hierzu hat der Sachverständigenrat für Umweltfragen in seinem Umweltgutachten 1987 ausgeführt: "Nur mit den Mitteln der technisch-industriellen Zivilisation können die Probleme, die diese Zivilisation geschaffen hat, erkannt und überwunden werden. Sich dieser Aufgabe zu stellen, ist schwieriger, anspruchsvoller, aber auch undankbarer als die Haltung eines Rigorismus einzunehmen, der die wirklichen Probleme - Entscheidungen über Güterkollisionen, Bewertung von Nutzen und Risiken einzelner Techniken, Entwurf und Durchsetzung kalkulierbarer, realistischer Handlungskonzepte - hinter der unerfüllbaren Forderung nach Null-Emissionen versteckt" (Rat von Sachverständigen 1987, TZ 9).

Diesen Gedanken muß die Umweltpolitik aufnehmen. Sie muß ihren Part in der Weise spielen, daß sie Anstöße für die Entwicklung von umweltverträglicher und umweltentlastender Technik gibt und günstige Voraussetzungen für die Umsetzung von Ergebnissen der Umweltforschung und der technologischen Entwicklung in betriebliche Investitionen schafft.

Die Richtung, die hierbei eingeschlagen werden muß, hat Bundesminister Töpfer kürzlich wie folgt umrissen:

"Wir müssen weg von Produktionsverfahren mit hohen Umweltbelastungen, die anschließend mit hohem Aufwand 'weggereinigt' werden; diese Art von Umweltschutz ist auf die Dauer nicht nur ökologisch, sondern auch ökonomisch unsinnig. Es geht auch nicht länger an, daß bei der Konzeption eines Produkts die Frage der umweltschonenden Nutzung ausgeklammert wird.

Mittel- und langfristig müssen wir vielmehr dahin kommen, daß, in allen Phasen des Produkt-Kreislaufs - von der Produktion über die Verteilung, den Ge- und Verbrauch, bis hin zur Entsorgung - der Umweltschutz von vornherein integriert wird. Das heißt zum Beispiel:

- Schadstoffminderung und -vermeidung im Produktionsprozeß;
- betriebliche Kreislaufführung;
- Erhöhung des energetischen Wirkungsgrades;
- sparsamer Rohstoffeinsatz;
- Entwicklung von Alternativ- und Ersatzstoffen;
- Einbeziehung der Entsorgungsfrage bei der Produktgestaltung" (Töpfer 1989 b, S. 44).

Hierher gehören als weitere wichtige Aspekte die Verbesserung der Anlagensicherheit, aber auch die Beachtung der Umweltverträglichkeit bei der Beschaffung, bei der zu den üblichen Entscheidungskriterien wie Qualitätsmerkmale, Preise und Lieferkonditionen das Kriterium der Umweltverträglichkeit hinzutreten muß.

2. Integrierter Umweltschutz - die ökologisch und ökonomisch bessere Lösung

Diese Beschreibung macht deutlich, was den integrierten Umweltschutz aus umweltpolitischer Sicht interessant macht: nämlich daß es um die ökologisch und ökonomisch besseren Lösungen geht. Die wesentlichen ökologischen Gesichtspunkte sind hier:

- Berücksichtigung von Umweltaspekten bei der Produktgestaltung und bei der Produktionsplanung;
- Minimierung des Ressourcenverbrauchs durch möglichst vollständige Nutzung eingesetzter Rohstoffe und Vorprodukte;
- Minderung der Probleme bei der Abwasserreinigung und Abfallbeseitigung.

Als ganz entscheidenden ökologischen Aspekt lassen sie mich herausstellen, daß integrierter Umweltschutz ursachennah ansetzt und daß dadurch intermediale Problemverschiebungen vermieden werden, daß also nicht die bei end of pipe-Technologien übliche Verlagerung von Umweltproblemen aus einem Medium in das andere stattfindet.

Die entsprechenden Stichworte für die ökonomische Relevanz des integrierten Umweltschutzes lauten:

- kostengünstigere Produktion durch Minimierung des Einsatzes von Rohstoffen und Vormaterialien, vor allem auch von Energie und Wasser;
- Minderung der Entsorgungskosten;
- Verbesserung der Marktstellung durch zukunftsträchtige 'umweltfreundliche' Produkte;
- Anstöße zu technologischen Sprüngen, deren Wirkung über die unmittelbare Aufgabenstellung der Lösung von Umweltproblemen vielfach hinausgeht.

Mit anderen Worten: integrierter Umweltschutz trägt tendenziell zur Entschärfung des Problems bei, welches die traditionellen end of pipe-Technologien kennzeichnet, nämlich daß Umweltschutz aus betrieblicher Sicht unproduktiv ist, also ausschließlich oder fast ausschließlich Kostensteigerungen bringt. Und ferner: integrierter Umweltschutz trägt zur Entkopplung des Wirtschaftswachstums von dem Einsatz sensibler Ressourcen bei.

Simonis hat diese Zusammenhänge kürzlich in einem Vortrag unter dem Thema "Ökologische Modernisierung der Wirtschaft - Optionen und Restriktionen" auf folgende Formel gebracht:

"Alle Hoffnung auf eine 'Harmonisierung' von Ökonomie und Ökologie setzt letztlich auf eine einfache Einsicht: daß nämlich ein verringerter Ressourceneinsatz der Produktion (Umweltverbrauch) geringere Schadstoffemissionen und geringere Abfallmengen (Umweltbelastung) zur Folge hat - und zugleich Kosten spart. Reduzierung des spezifischen Umweltverbrauchs und Reduzierung der spezifischen Umweltbelastung, das sind Prozesse, die sich in einer dynamischen Wirtschaft teilweise von selbst vollziehen. Teilweise aber müssen sie politisch bewirkt werden - und zwar besonders von der Umwelt- und Wirtschaftspolitik" (Simonis 1989, S. 6).

Mit dieser Formulierung werden sehr deutlich die Aspekte herausgearbeitet, welche integrierten Umweltschutz zu einem entscheidenden Element präventiver Umweltpolitik machen, deren zentraler Gedanke die Vermeidung von Umweltbelastungen ist.

Die genannten ökonomischen Aspekte machen den integrierten Umweltschutz aber auch zu einem wichtigen Element ökologisch orientierter Wirtschaftspolitik, liegt doch gerade in den ökonomischen Aspekten des integrierten Umweltschutzes die Aussicht begründet, mit einer forcierten Durchsetzung integrierten Umweltschutzes einen Beitrag zur Erhaltung der Bundesrepublik Deutschland als attraktiver Industriestandort zu leisten.

3. Verbesserung der Voraussetzungen für integrierten Umweltschutz als Aufgabe der Umweltpolitik

Was unternimmt nun die Umweltpolitik, um für die Wirtschaft Voraussetzungen zu schaffen und Motivationslagen zu organisieren, die auf eine ökologische Modernisierung der Wirtschaft durch integrierten Umweltschutz hinwirken?

Hier stellt sich zunächst die Frage, welche Probleme, welche Schwierigkeiten, welche Hemmnisse sich für die Realisierung von integriertem Umweltschutz stellen. Der niedersächsische Umweltminister W. Remmers hat kürzlich meines Erachtens sehr zu Recht darauf hingewiesen, "daß unsere Umwelt nicht an einem Mangel technischer Möglichkeiten zu ihrer Verbesserung (leidet), sondern am Mangel der konsequenten

Berücksichtigung ihrer Belange in den dominanten Regelungsmechanismen unserer Gesellschaft" (Remmers 1989).

Lassen sie mich versuchen, einige der Probleme zu skizzieren, die hier zu lösen sind und die damit die Umweltpolitik in ihr Kalkül einbeziehen muß:

An erster Stelle steht die Frage nach der entsprechenden Technologie, nach Produktionsverfahren, nach Produktionsanlagen, nach umweltfreundlichen Produkten.

Zweitens geht es darum, die Unternehmen mit den notwendigen Informationen zu versehen. Dieser Informationsbedarf reicht vom Erkennen der Umweltprobleme des Unternehmens über technische und organisatorische Lösungsmöglichkeiten bis hin zur Finanzierung notwendiger Investitionen.

Drittens geht es um die Finanzierungsfrage.

Viertens geht es um permanent wirkende Anreize zur Verminderung bzw. Vermeidung von Umweltbelastungen, also um die Frage, wie Unternehmen veranlaßt werden können, das Risiko einzugehen, über den gesetzlich geforderten Stand der Technik hinauszugehen, um zukunftsbezogene umwelttechnische Lösungen zu realisieren.

Fünftens geht es darum, die Durchsetzung umweltfreundlicher Produkte am Markt zu unterstützen.

Sechstens müssen in den Unternehmen die erforderlichen personellen, organisatorischen und institutionellen Voraussetzungen, muß das notwendige 'Klima' für zukunftsbezogene Entscheidungen geschaffen werden.

Lassen sie mich nun einen Überblick über die wichtigsten umweltpolitischen Aktivitäten des Bundes zu den vorgenannten Punkten geben, über die umweltpolitischen Vorhaben also, die darauf abzielen, die Rahmenbedingungen für die Durchführung der notwendigen Umweltschutzinvestitionen, und hier insbesondere für integrierten Umweltschutz, zu verbessern.

3.1 Förderung innovativer umweltschonender Technologien

In dem Programm Umweltforschung und Umwelttechnologie für die Jahre 1989-94, das der Bundesminister für Forschung und Technologie vorgelegt hat, wird ausgeführt:

"Die Entwicklung innovativer umweltschonender Technologien ist einerseits Mittel zur Vermeidung und Verminderung resp. Sanierung von Umweltschäden, andererseits Voraussetzung für sinnvolle und durchsetzbare normative Maßnahmen des Staates" (Bundesminister für Forschung und Technologie 1989, S. 25).

Diese Aussage ist sicherlich richtig. Sie überspringt allerdings einen Zwischenschritt, der darin besteht, daß die Verfügbarkeit von für die Unternehmen konkret anwendbarer Technik die Voraussetzung für vermeidungsorientierte Umweltschutzinvestitionen darstellt. Da solche Technologien nicht einfach aus dem Hut zu zaubern sind, ist es in der Praxis gerade für die erforderliche breite Umsetzung integrierten Umweltschutzes auch bei kleinen und mittleren Unternehmen notwendig, die Pyramide aus

- Ursachen- und Wirkungsforschung,
- Entwicklung umweltschonender Technologien,
- Förderung von Pilotvorhaben und
- Förderung von Demonstrationsvorhaben in großtechnischem Maßstab

nicht nur zu erhalten, sondern auch intensiv auszubauen. Dem trägt die Bundesregierung in verschiedenen Programmen mit Schwerpunkt Umweltforschung und Entwicklung von Umwelttechnologien Rechnung. Nennen möchte ich hier insbesondere

- das soeben schon erwähnte Programm Umweltforschung und Umwelttechnologie des Bundesministers für Forschung und Technologie für die Jahre 1989 bis 1994,

- die jährlichen Umweltforschungspläne des Bundesministers für Umwelt, Naturschutz und Reaktorsicherheit,

- die Förderung anwendungsorientierter Umweltforschung durch den Bundesminister für Wirtschaft im Rahmen der Förderung der industriellen Gemeinschaftsforschung kleiner und mittlerer Unternehmen.

In Bezug auf das von mir zu behandelnde Thema lassen sie mich auf die Leitlinie hinweisen, unter der das Kapitel "Umweltschutztechnologie - Entwicklung" des Programms Umweltforschung und Umwelttechnologie für die Jahre 1989 bis 1994 des Bundesministers für Forschung und Technologie steht. Dort heißt es:

"Grundprinzip für die zukünftige Förderung umwelttechnologischer Entwicklungen ist die Orientierung an medienübergreifendem präventivem Umweltschutz. Dementsprechend sollen Projekte zur Vermeidung von Umweltbelastungen Vorrang vor Entwicklungen haben, die nur der Sanierung von Umweltschäden dienen. Besonders wichtig dabei ist, daß nicht durch Maßnahmen zum Schutz eines Umweltmediums Belastungen für andere Umweltmedien ausgelöst werden. Das heißt z. B., die Abfallbeseitigung darf nicht mehr die Schadstoffsenke der Umweltschutzbemühungen im Gewässerschutz oder in der Luftreinhaltung sein. Insbesondere ist weitgehend auszuschließen, daß Reststoffe aus der Abwasserbeseitigung und der Rauchgasreinigung auf Deponien verbracht werden müssen.

Durch systematische technologische Forschung und Entwicklung sollen Wege aufgezeigt werden,

- den Einsatz gefährlicher Stoffe zu verringern oder durch weniger problematische Substanzen zu ersetzen,

- die Entstehung gefährlicher Stoffe als Nebenprodukte industrieller Produktion zu minimieren,

- die Anlagen, in denen gefährliche Stoffe vorhanden sind, entstehen können, gelagert oder transportiert werden, noch sicherer zu machen,

- den Abfall umweltgefährdender Reststoffe bei der Luftreinhaltung, der Abwasseraufbereitung und der Abfallentsorgung zu verringern,

- die Wiedergewinnung von Werkstoffen aus Abfall in geschlossenen Systemen zu ermöglichen,

- die Verfahren zur Sanierung kontaminierter Umweltmedien (Grundwasser, Oberflächenwasser, Boden) zu optimieren.

Die zukünftigen Aufgaben der umwelttechnologischen Entwicklung, die in enger Zusammenarbeit mit den Aktivitäten der Großforschungseinrichtungen (GSF, KfK, KFA) angegangen werden, sind deshalb

- prozeßintegrierte Vermeidungstechniken,
- Substitutionstechniken,
- Sanierungstechniken,
- optimierte Sicherheitsstrategien,
- Meß-, Analyse- und Regelungsverfahren unter Einsatz moderner Informationstechnik" (Bundesminister für Forschung und Technologie 1989, S. 86).

Eine wichtige Scharnierfunktion zwischen der Entwicklung innovativer umweltschonender Technologien, an deren Ende vielfach ein Pilotprojekt im Labormaßstab steht, auf der einen Seite und der Umsetzung in 'gängige' Umweltschutzinvestitionen auf der anderen Seite haben Demonstrationsprojekte in großtechnischem Maßstab. Hier geht es darum zu zeigen, wie fortschrittliche Verfahren zur Vermeidung und Verminderung von Umweltbelastungen in Unternehmen eingesetzt, wie umweltverträgliche Produkte und umweltschonende Substitutionsstoffe hergestellt und angewandt und wie vorhandene Anlagen einem fortschrittlichen Stand der Verminderung von Umweltbelastungen angepaßt werden können. Im Rahmen eines Programms zur Förderung von Investitionen zur Verminderung von Umweltbelastungen, für das im Haushalt des Bundesministers für Umwelt, Naturschutz und Reaktorsicherheit z. Z. jährlich 115 Mio DM zur Verfügung stehen, wird versucht, die notwendigen Multiplikatorwirkungen bei der Umsetzung technologischer Entwicklungen in betriebliche Investitionen zu erzielen. Unternehmen, die bereit sind, das immer noch relativ hohe Risiko solcher Demonstrationsvorhaben einzugehen, erhalten Zuschüsse in Höhe von bis zu 50% der Investitionssumme. Kriterien für die Bemessung der Förderhöhe sind hier einerseits das spezifische Risiko, das bei den betreffenden Investitionen seitens der Unternehmen eingegangen werden muß, zum anderen das Interesse, das aus umweltpolitischer Sicht an den im Einzelfall geplanten neuen Produktionsanlagen und -prozessen besteht.

Ergänzend ist hier darauf hinzuweisen, daß solche Demonstrationsprojekte für den Bundesminister für Umwelt, Naturschutz und Reaktorsicherheit und das Umweltbundesamt vielfach die einzige Möglichkeit bieten, unmittelbar eigene Kenntnisse über die Umweltverträglichkeit bestimmter Verfahren und Produkte zu gewinnen. Dies wiederum ist eine wesentliche Voraussetzung für die Anpassung von umweltrechtlichen Regelungen an die bestehenden technischen Möglichkeiten.

3.2 Information und Beratung

Die Feststellung, daß innovative umwelttechnische Entwicklungen dann nichts nützen, wenn sie den Unternehmen, für die sie von Bedeutung sein könnten, nicht bekannt sind, riecht stark nach einem Gemeinplatz. Und dennoch liegt hier ein großes Problem. Dies hat ein vom Bundesminister für Umwelt, Naturschutz und Reaktorsicherheit geförderter Modellversuch zum Thema "Verstärkte Berücksichtigung mittelstandspolitischer Gesichtspunkte im Rahmen der Umweltpolitik" bestätigt, in dem es darum ging,

- den Stand des betrieblichen Umweltschutzes in kleinen und mittleren Betrieben der Industrie und des Handwerkes festzustellen,
- Ursachen für Defizite zu isolieren, insbesondere hinsichtlich der Kenntnis der Umweltschutzanforderungen, der betrieblichen Anpassungsmöglichkeiten hieran sowie bestehender Finanzierungshilfen, und
- die Sensibilität dieser Betriebe für Umweltschutzaspekte zu fördern und damit eigene Initiativen zu unterstützen.

Im Rahmen dieses Modellversuches, in dem 660 Betriebe vor Ort untersucht und beraten wurden, hat sich herausgestellt, daß vor allem in kleineren Betrieben das Wissen

- über Schadstoffe und deren Belastungswirkungen,
- über umweltfreundliche Verfahrens-, Produkt- und Technologiealternativen,
- über alternative Beschaffungs- und Entsorgungsmöglichkeiten,
- über umweltseitige Anforderungen sowie
- über Finanzierungsmöglichkeiten für Umweltschutzmaßnahmen

insgesamt recht gering ist. Dieses Phänomen ist wohl vor allem damit zu erklären, daß die Betriebsinhaber und die unternehmerischen Leitungsebenen angesichts der Vielzahl der gerade in kleinen Betrieben auf sie zukommenden allgemeinen Anforderungen und aufgrund der Komplexität des Themas Umweltschutz häufig überfordert sind.

Der Modellversuch hat aber auch gezeigt, daß dies kein unabänderlicher Zustand sein muß. Im Gegenteil: die im Verlauf des Vorhabens durchgeführten Betriebsuntersuchungen und Beratungen haben deutlich gemacht, daß, wenn aktiv mit Informationen auf die Betriebe zugegangen wird, eine Sensibilisierung für Umweltfragen möglich ist und daß in den Betrieben durchaus auch Bereitschaft besteht, Vorschläge für präventiven Umweltschutz umzusetzen.

Durch Verbesserung der Umweltinformation von außen läßt sich die eigene Initiative der Betriebe stärken, im Umweltschutz mehr zu tun.

Die Ergebnisse dieses Modellversuchs waren auch die Grundlage für den Vorschlag des Bund/Länderarbeitskreises für steuerliche und wirtschaftliche Fragen des Umweltschutzes, ein bundesweites Umweltschutzinformationsprogramm vorzusehen, das mittelständischen Unternehmen von Industrie, Handel und Handwerk eine kostenlose, maximal 2- bis 3-tägige Orientierungsberatung der Betriebe durch qualifizierte Berater bieten soll (Bericht an die 32. Umweltministerkonferenz am 14. April 1989 zu Gestaltungsmöglichkeiten der Umweltschutzförderung auf Bundesebene nach Auslaufen der steuerlichen Förderung nach § 7d EStG).

Ein ebenfalls in Richtung auf Verbesserung des Informationshorizontes wirkender Modellversuch befaßt sich mit den Möglichkeiten zur Kostensenkung und Erlössteigerung durch umweltbewußte Unternehmensführung. Dabei soll zunächst im Rahmen einer 600 Unternehmen umfassenden Befragung geklärt werden, wie weit Kriterien einer umweltbewußten Unternehmensführung schon heute in deutschen Unternehmen berücksichtigt werden. Daran anschließend sollen in einer begrenzten Zahl von Unternehmen vor Ort praktische Möglichkeiten zur Verbesserung des präventiven Umweltschutzes auf allen bedeutsamen Ebenen und in allen Funktionsbereichen untersucht werden. Die Ergebnisse werden in einem Handbuch zusammengefaßt werden, um einem breiten Kreis von Unternehmen die Implementierung umweltorientierter Unternehmensstrategien zu erleichtern. Dieser Modellversuch ist im November 1988 angelaufen und soll Anfang 1991 abgeschlossen sein.

3.3 Förderung von Umweltschutzinvestitionen

Umweltschutzinvestitionen sind teuer; das gilt auch und gerade für integrierten Umweltschutz, obwohl hier - im Unterschied zu end of pipe-Technologien - im allgemeinen ein mehr oder weniger hoher Grad an Wirtschaftlichkeit gegeben ist. Umweltschutzinvestitionen stellen daher gerade bei kleinen und mittleren Unternehmen häufig sehr strapaziöse Anforderungen an deren Finanzierungskapazität. Dennoch sollten aus umweltpolitischer Sicht notwendige Umweltschutzinvestitionen möglichst nicht wegen finanzieller Engpässe verzögert werden oder unterbleiben. Unter diesem Aspekt hat die Bundesregierung eine Reihe von Finanzierungshilfen bereitgestellt.

Zu nennen sind vor allem steuerliche Erleichterungen, wie die erhöhte Absetzungsmöglichkeit nach § 7d EStG. Seit 1983 wurden hierdurch Umweltschutzinvestitionen in Höhe von rd. 22,6 Mrd. DM gefördert.

Hierzu gehören ferner zinsverbilligte Kreditprogramme, wie die des ERP-Sondervermögens, der Kreditanstalt für Wiederaufbau und der Deutschen Ausgleichsbank. Allein im Rahmen der ERP-Programme wurden seit 1983 zinsgünstige Umweltschutzkredite mit einem Gesamtvolumen von 6,2 Mrd. DM zugesagt.

Als besonders wirksam im Hinblick auf integrierte Umweltschutzinvestitionen erweist sich das schon angesprochene Investitionsprogramm zur Verminderung von Umweltbelastungen, mit dem aus Haushaltsmitteln des Bundesministeriums für Umwelt, Naturschutz und Reaktorsicherheit Demonstrationsprojekte gefördert werden.

Von den genannten Förderinstrumenten weist unter dem Aspekt der Förderung integrierter Umweltschutztechnologien insbesondere der § 7d EStG erhebliche Defizite auf. Systembedingt berücksichtigt der § 7d EStG im wesentlichen nur konventionelle, den eigentlichen Verschmutzungsquellen nachgeschaltete Anlagen und diskriminiert integrierte Produktionsverfahren, die den Anfall von Schadstoffen von vornherein vermeiden. Zwar hatte die Umweltministerkonferenz im Jahre 1984 Vorschläge zur Novellierung des § 7d EStG im Sinne einer Einbeziehung des integrierten Umweltschutzes beschlossen. Diese Empfehlungen sind allerdings von den Finanzministern des Bundes und der Länder mit dem Argument abgelehnt worden, der Umweltschutzanteil eines Wirtschaftsgutes mit integrierter Umwelttechnik sei nicht in einer Weise abzugrenzen und zu definieren, die den Anforderungen entspricht, welche an eine mit Rechtsansprüchen der Steuerpflichtigen verbundene einkommensteuerrechtliche Regelung zu stellen sind.

Da im Zuge der Steuerreform-Beschlüsse vorgesehen ist, daß der § 7d EStG Ende 1990 ausläuft, stellt sich die Notwendigkeit, eine Anschlußlösung zu entwickeln, die - und dies ist ein ganz wesentliches Kriterium - den integrierten Umweltschutz mit einbezieht. Der bereits erwähnte Bund/Länderarbeitskreis für steuerliche und wirtschaftliche Fragen des Umweltschutzes hat hierzu Vorschläge unterbreitet, die im Kern darauf hinauslaufen,

- ein zusätzliches, zunächst auf fünf Jahre befristetes Umweltschutzkreditprogramm auf Bundesebene, verbunden mit
- einem ebenfalls auf fünf Jahre befristeten bundesweiten Programm zur Förderung der individuellen Information von kleinen und mittleren Unternehmen über den betrieblichen Umweltschutz

aufzulegen. Ob und inwieweit dies ein erfolgversprechender Vorschlag ist, werden die Haushaltsberatungen dieses und des nächsten Jahres zeigen müssen.

3.4 Permanent wirkende Anreize zur Verminderung von Umweltbelastungen

Zu dem vierten zuvor genannten Punkt, nämlich der Schaffung permanent wirkender Anreize zur Verminderung bzw. Vermeidung von Umweltbelastungen, muß ich mich auf einige kurze Hinweise beschränken.

Diese beziehen sich einerseits auf die an den Energieverbrauch anknüpfenden Steuern und Abgaben. Besonders zu nennen ist in diesem Zusammenhang auch die Differenzierung der Mineralölsteuer nach dem Bleigehalt des Benzins sowie ferner die Kfz-Steuerbefreiung für schadstoffarme Kraftfahrzeuge.

Auf der anderen Seite kommt der Abwasserabgabe als typischer Emissionsabgabe exemplarische Bedeutung zu. Hier hat die im Mai 1989 von der Bundesregierung beschlossene Novelle zum Abwasserabgabengesetz den Ausbau dieses Instruments in einigen wesentlichen Punkten gebracht. So muß künftig die Abgabe auch für die Stoffe Phosphor und Stickstoff bezahlt werden; weiter soll der Abgabesatz von jetzt 40 DM je Schadeinheit bis 1993 auf 60 DM erhöht werden. Damit wird die Anreizwirkung der Abgabe wesentlich verbessert, ein Effekt, der angesichts der zwischenzeitlich gestiegenen Kosten für moderne Vermeidungstechniken dringend geboten war. Weitere Anreizwirkungen ergeben sich aus der Verminderung des Abgabesatzes, sobald die Anforderungen des Ordnungsrechts voll erfüllt werden, sowie aus der Möglichkeit der Vermeidung der Abgabe bei Durchführung von Investitionen.

Daß im Zusammenhang mit der Novellierung des Bundesnaturschutzgesetzes eine Naturschutzabgabe im Gespräch ist, dürfte sich herumgesprochen haben. Aber auch für den Bereich der Luftreinhaltung gibt es intensive Vorüberlegungen für Abgabenlösungen. Dies erscheint insbesondere im Hinblick auf die im Zusammenhang mit der Klimaproblematik in den Vordergrund getretenen CO_2-Emissionen wesentlich.

Ein weiteres Anreizinstrument für Emissionsminderungen ist die 1986 im Rahmen der TA Luft eingeführte Kompensationsregelung. Sie läßt die Möglichkeit zu, daß in bestimmten Gebieten Altanlagen von den gesetzlichen Anforderungen abweichen dürfen, wenn an anderen, in der Nähe liegenden Anlagen weitergehende Maßnahmen durchgeführt werden und so ein Mehr an Immissionsschutz erreicht wird. Diese Regelung ist allerdings aufgrund der sehr restriktiven Anwendungsbedingungen weitgehend bedeutungslos geblieben. Der Entwurf der Bundesregierung zur Novellierung des Bundes-Immissionsschutzgesetzes sieht daher vor, die gesetzlichen Anforderungen an Kompensationen so zu verändern, daß unter Wahrung der in § 1 BImSchG formulierten Schutzziele der Anwendungsbereich für Kompensationslösungen deutlich erweitert wird.

Unter dem Stichwort Anreizinstrumente sind schließlich auch Benutzervorteile zu nennen, wie beispielsweise die Ausnahme von Fahrverboten bei bestimmten Wetterlagen für umweltfreundliche Fahrzeuge, erleichterte Landerechte für lärmarme Flugzeuge oder längere Benutzungszeiten für lärmarme Rasenmäher.

3.5 Hilfen für die Markteinführung umweltfreundlicher Produkte

Zumindest mittelbar sind für die Durchsetzung integrierten Umweltschutzes auch die Instrumente von Bedeutung, die die Förderung umweltfreundlicher Produkte, insbesondere ihre Durchsetzung am Markt, zum Ziel haben. Hier ist an erster Stelle das sog. Umweltzeichen zu nennen.

Von einer unabhängigen Jury werden Produkte ausgezeichnet, die sich im Vergleich zu anderen Produkten, die demselben Gebrauchszweck dienen, als umweltfreundlich erwiesen haben, indem sie z. B. zur Verminderung von Lärm-, Luft- und Bodenbelastungen, zur Vermeidung, Verminderung oder Verwertung von Abfällen, zum Gewässerschutz, zur Vermeidung gefährlicher Inhaltsstoffe (wie Asbest, Schwermetalle) oder zur Schonung von Ressourcen beitragen.

Bei der Vergabe des Umweltzeichens werden Qualitätsstandards zugrunde gelegt, die deutlich oberhalb bestehender gesetzlicher Vorschriften liegen. Die Vergabebedingungen orientieren sich an dem zum jeweiligen Vergabezeitpunkt erreichbaren Stand der Technik.

Heute tragen über 2500 Einzelprodukte aus 55 verschiedenen Produktgruppen - von schadstoffarmen Lacken bis zu lärmarmen Baumaschinen - den 'Blauen Umweltengel'. Das Umweltzeichen hat erheblich zur Markteinführung umweltfreundlicher Produkte beigetragen.

3.6 Ökologieorientierte Unternehmensführung als Motivationsproblem

Ökologieorientierte Unternehmensplanung und Unternehmensführung entwickeln sich nicht von selbst. Sie können das Ergebnis der persönlichen Überzeugung von Führungskräften im Unternehmen sein. Sie können sich aufgrund der Überzeugungsarbeit von Wirtschaftsverbänden oder Beratern ergeben. Eine entsprechende Motivation kann schließlich auch die Folge von Änderungen der umweltrechtlichen Anforderungen an unternehmerisches Handeln, aber auch beispielsweise der haftungsrechtlichen und versicherungsmäßigen Randbedingungen für unternehmerisches Handeln sein.

Hier hält nun die derzeitige Umweltpolitik ein ganzes Bündel von Maßnahmen bereit, die in diese Richtung, die kürzlich von Bundesminister Töpfer mit dem Stichwort "Fortentwicklung der Sicherheitskultur unserer Industriegesellschaft" umschrieben worden ist, wirken.

Dazu zählt die Präzisierung der Verantwortlichkeit für Umweltschutz im Unternehmen und die Intensivierung der Sicherheitsanforderungen an Industrieanlagen, die Gegenstand der Novellierung des Bundes-Immissionsschutzgesetzes sind. Dazu zählen auch verschärfte Anforderungen für die Herstellung und den Umgang mit chemischen Stoffen im Rahmen der Novellierung des Chemikaliengesetzes. Hierher gehört die Einführung von Umweltverträglichkeitsprüfungen ebenso wie die Änderung des Haftungsrechtes und Anpassungen im Bereich der Haftpflichtversicherung, wie sie das zur Zeit in Vorbereitung befindliche Umwelthaftungsgesetz vorsieht.

All dies sind Maßnahmen, um - ich zitiere hier sinngemäß Kreikebaum - eine veränderte Bewußtseinshaltung aller Verantwortungsträger im Unternehmen zu bewirken und die hierzu erforderliche Besinnung und nachfolgende "Kehrtwende zur Zukunft" (Kreikebaum 1988, S.22) zu erreichen.

4. Schlußbemerkungen

Ich fasse zusammen:

Eine entscheidende Voraussetzung für die Lösung unserer Umweltprobleme ist die Weiterentwicklung und Anwendung moderner Technik.

Dabei spricht sowohl unter ökologischen wie unter ökonomischen Aspekten alles für Umweltschutzlösungen, die bereits dort ansetzen, wo die Schadstoffe entstehen, nämlich im Produktionsprozeß.

Es genügt nicht, abzuwarten, ob und wann zukunftsorientierte technologische Entwicklungen angeboten werden und ob und wann diese von den Unternehmen umgesetzt werden.

Es gehört zu den Aufgaben der Umweltpolitik, darauf hinzuwirken,

- daß notwendige Kapazitäten für Umweltforschung sowie für die Entwicklung innovativer umweltentlastender Technik vorhanden sind und erfolgreich arbeiten können,
- daß günstige Voraussetzungen für die Umsetzung dieser Technik in konkrete Umweltschutzinvestitionen gegeben sind und
- daß sich das für eine umweltfreundliche Unternehmensplanung und Unternehmensführung notwendige 'Klima' in den Unternehmen entwickelt.

Ich habe versucht, Ihnen einen Überblick über die Aktivitäten zu geben, die die Umweltpolitik unter diesen Aspekten zur Zeit entwickelt. Dafür, daß dieser Überblick notwendigerweise unvollkommen bleiben mußte, bitte ich um Nachsicht.

Literaturverzeichnis

Der Bundesminister für Forschung und Technologie: Umweltforschung und Umwelttechnologie - Programm 1989 bis 1994, Bonn 1989

Kreikebaum, H.: Kehrtwende zur Zukunft, Neuhausen-Stuttgart 1988

Kreikebaum, H.: Unternehmensziel Umwelt, in: Seminarreport zum Seminar "Die ökologische Herausforderung für die Wirtschaft", Mainz 1989

Rat von Sachverständigen für Umweltfragen: Umweltgutachten 1987, in: Deutscher Bundestag, Drucksache 11/1568

Remmers, W.: Problem erkannt, Lösung vertagt, in: DIE ZEIT, 26.05.1989

Simonis, U. E.: Ökologische Modernisierung der Wirtschaft - Optionen und Restriktionen, Vortrag im Rahmen des Kongresses "Ökonomie und ökologische Umwelt" in Essen am 1./2. Juni 1989 (Manuskript)

Töpfer, K.: Geleitwort, in: Seminarreport zum Seminar "Die ökologische Herausforderung für die Wirtschaft", Mainz 1989 (zitiert als Töpfer 1989 a)

Töpfer, K.: Herausforderungen und Antworten, in: trend - Zeitschrift für soziale Marktwirtschaft, Nr. 39, 1989 (zitiert als Töpfer 1989 b)

2. Teil

Betrieblicher Umweltschutz aus der Sicht der ehemaligen Deutschen Demokratischen Republik

In den Beiträgen des zweiten Teils kommen die Auffassungen von betriebswirtschaftlichen Autoren aus der ehemaligen Deutschen Demokratischen Republik zum Ausdruck. Sie berücksichtigen sowohl die Lage des Umweltschutzes in der früheren Deutschen Demokratischen Republik wie auch die Konsequenzen, die sich aus dem deutsch-deutschen Umweltabkommen vom September 1987 ergeben. Im Vordergrund stehen dabei die Bemühungen um eine ökonomische und ökologische Modernisierung der chemischen Industrie, die mit insgesamt 14 Kombinaten und über 100 Betrieben sowohl von der Warenproduktion wie vom Export her gesehen den wichtigsten Wirtschaftsfaktor der einstigen Deutschen Demokratischen Republik darstellte.

In einem einleitenden Referat geht *Heinz Kroske* auf die Anforderungen an eine umweltverträgliche Vorgehensweise und die Verbesserungen des Umweltschutzes ein, die sich aus den neuen gesetzlichen Anforderungen für die Vorbereitung und Durchführung von Innovationen ergeben.

Eberhard Garbe untersucht aus der Sicht des Unternehmens die Aufgaben, die sich aus der Forderung nach ständiger Optimierung der volkswirtschaftlichen Stoffkreisläufe im Hinblick auf die Gestaltung der sogenannten Sekundärrohstoffwirtschaft und einer 'abproduktfreien' Technologie ergeben.

Mit der Notwendigkeit und den Möglichkeiten, ökologische Forderungen im Innovationsprozeß in der chemischen Industrie zu berücksichtigen, beschäftigt sich der Beitrag von *Wolfgang Katzer*. Katzer kommt zu der Festellung, daß integrierter Umweltschutz nur dann eine Durchsetzungschance hat, wenn dessen Anforderungen bereits in den frühen Phasen des Forschungsprozesses berücksichtigt und in monetären Größen bewertet werden.

Anschließend geht *Wolfgang Streetz* auf die Schwerpunkte ein, die sich aus der Durchsetzung des Umweltschutzes in den Betrieben des Schwermaschinen- und Anlagenbaus ergeben.

Die gegenwärtige umweltpolitische Situation in den neuen Ländern nach der Vereinigung Deutschlands stellt *Hartmut Kreikebaum* dar.

Volks- und betriebswirtschaftliche Aspekte im Entscheidungsprozeß bei Umweltschutzinvestitionen

Heinz Kroske

1. Einführung

Die menschlichen Tätigkeiten mit der Natur in Übereinstimmung zu bringen, die Natur durch Abprodukte aus der Produktion nicht weiterhin wie bisher zu belasten, diese Belastungen auf ein für die Natur erträgliches Maß zu senken und sie dadurch für die künftigen Generationen zu erhalten sind Forderungen, die international wie national in den letzten Jahren immer stärker erhoben wurden.

Wenn die Industriestaaten beider Gesellschaftssysteme diesen Forderungen nachkommen wollen, muß das Wirtschaftswachstum in den kommenden Zeiträumen mit den ökologischen Erfordernissen in Übereinstimmung gebracht und die ökologischen Konsequenzen volkswirtschaftlicher und betriebswirtschaftlicher Entwicklungen stärker als bisher in den Prozeß der Leitung, Planung und ökologischen Stimulierung einbezogen werden. Hieraus ergeben sich Anforderungen sowohl an die Staaten und die Wissenschaft als auch an die Wirtschaft, die nur in enger Zusammenarbeit und wohl auch nur langfristig lösbar sind.

Das staatliche Planungssystem in der DDR und die rechtlichen und ökonomischen Regelungen ermöglichen es, daß bei der planmäßigen Entwicklung der Volkswirtschaft der DDR ökologische Belange weitgehend berücksichtigt werden können. Die in gültigen Gesetzen und Verordnungen (z. B. Anordnung über die Ordnung und Planung der Volkswirtschaft der DDR, Gesetz über die planmäßige Gestaltung der sozialistischen Landeskultur in der DDR, Verordnung über die Standortverteilung der Investitionen, Verordnung über die Vorbereitung und Durchführung von Investitionen u. a.) fixierten allgemeinen gesellschaftlichen Forderungen für den Schutz und die Gestaltung der Umwelt verlangen die Berücksichtigung ökologischer Aspekte.

Dazu ist eine volkswirtschaftliche Strategie, die von vornherein auf ein ressourcen- und energiesparendes Wachstum zielt, die wesentliche Grundlage einer umweltschonenden Entwicklung. Das sollte im allgemeinen Menschheitsinteresse von allen Industriestaaten durchgesetzt werden. Seit Anfang der achtziger Jahre, mit dem Übergang von der extensiv erweiterten zur intensiv erweiterten Reproduktion wird ein ressourcen- und energiesparendes Wachstum auch in der DDR praktiziert.

In einer 1988 vom Wissenschaftszentrum Berlin (West) publizierten vergleichenden Studie wird das für unser Land in Abb. 1 dargestellt. Diese Darstellung zeigt sowohl die einsetzende energie- und ressourcensparende Entwicklung auf wesentlichen

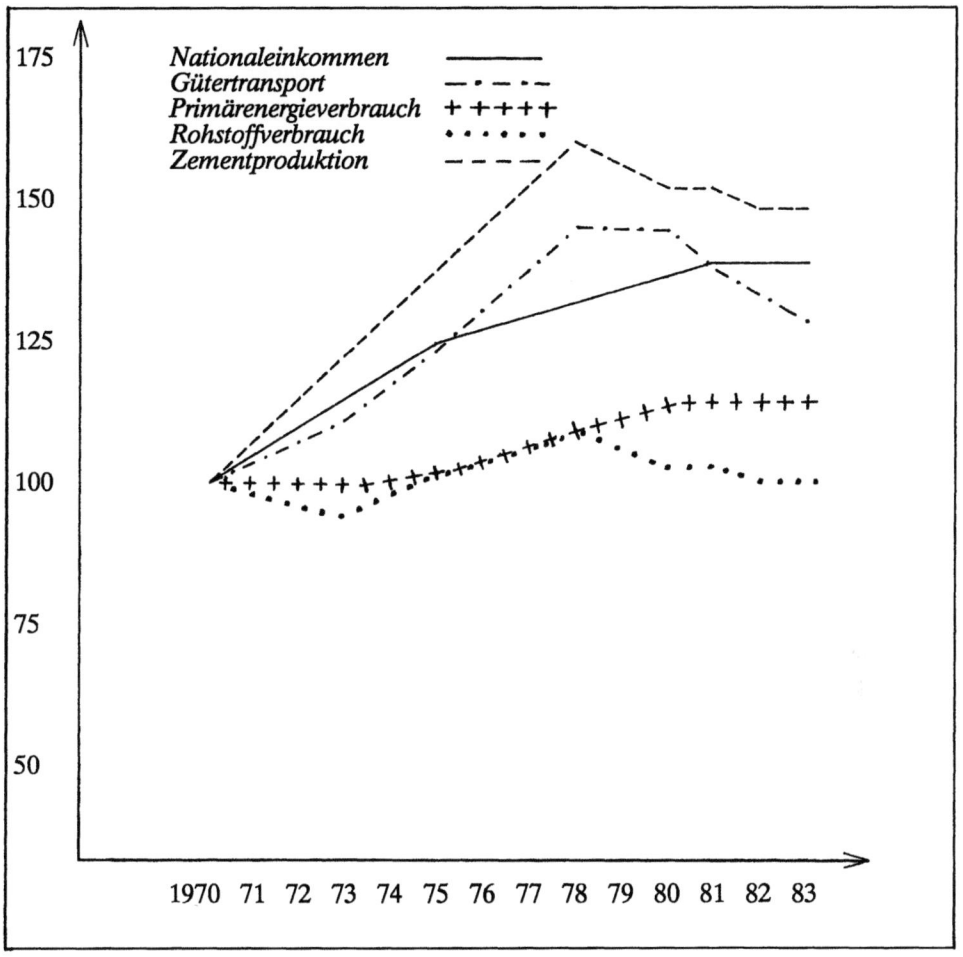

Abb. 1: Strukturelle ökonomische Veränderungen in der DDR, 1970-1983 (Simonis 1988, S. 401)

volkswirtschaftlichen Gebieten als auch weitere nutzbare Möglichkeiten, um durch den umfassenden Einsatz von Hochtechnologien die strukturellen volkswirtschaftlichen Wandlungen weiterzuführen und den Ressourcen- und Energieeinsatz sowie die Kosten weiter zu senken.

Nach den Werten des statistischen Jahrbuches der DDR läßt sich diese Entwicklung aggregiert in Abb. 2 darstellen. Wirtschaftliche Wachstumsprozesse in Übereinstimmung mit den ökologischen Forderungen zu bringen, ist eine notwendige Voraussetzung jedweden Wirtschaftens, denn zunehmend spiegeln sich globale Menschheitsprobleme im Reproduktionsprozeß jeder Volkswirtschaft wider. Auch die wissenschaftlich-technische Revolution bedingt Veränderungen des Wachstumsprozesses (vgl. Steinitz 1988, S. 3).

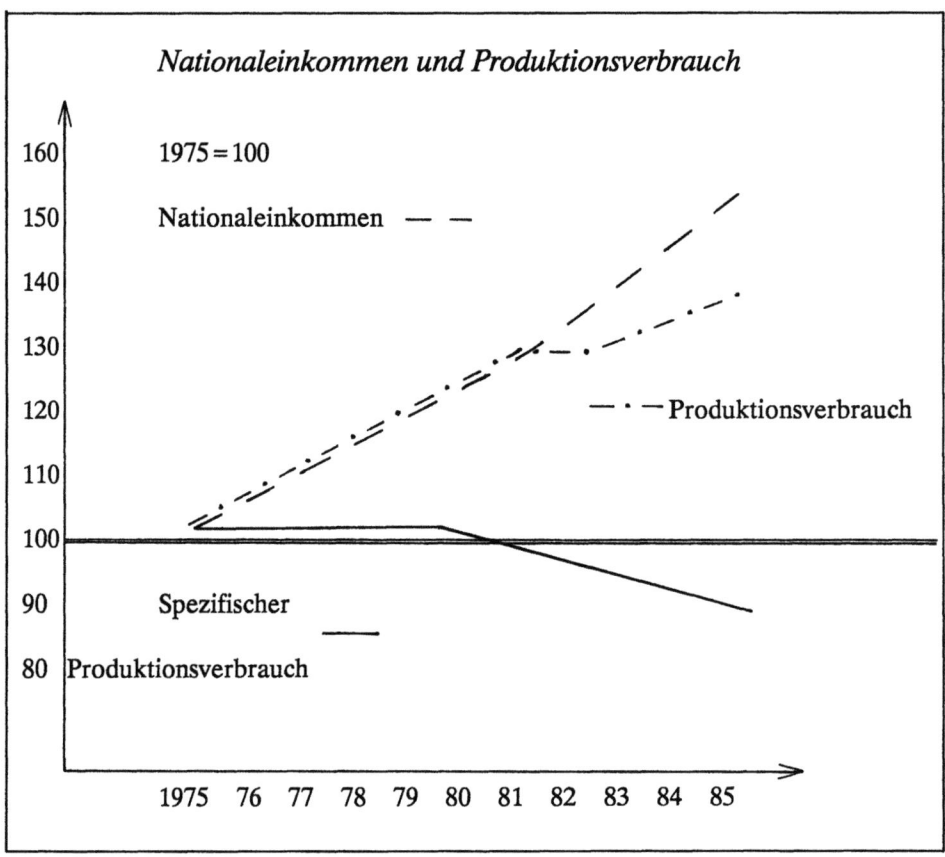

Abb. 2: Ökonomische Veränderungen in der DDR 1975-85 (vgl. o. V. 1986)

Derartige Entwicklungen sind ausschlaggebend für ein umweltgerechtes Verhalten von Staaten, also eine Grundvoraussetzung, nach der die Betriebe, Kombinate und Kommunen ihre Wirtschaftsführung so auszurichten haben, daß diese Entwicklungsrichtung weiter fortgesetzt werden kann.

Der Parlamentarische Staatssekretär im Bundesministerium für Umwelt, Naturschutz und Reaktorsicherheit in Bonn äußerte dazu auf dem 87. Bergedorfer Gesprächskreis folgende Gedanken: Es ist "zweifellos entscheidend, daß wir die Moral des Einzelnen aber auch der Staaten in Einklang mit ihren ökonomischen Interessen bringen. Mit anderen Worten: Wir müssen die Rahmenbedingungen verändern, daß sich der einzelne Mensch, das Unternehmen, das Land überhaupt im Sinne des Umweltschutzes moralisch verhalten können" (Grüner 1989, S. 52).

Und um diese 'Rahmenbedingungen' geht es ja auch auf dieser internationalen Arbeitstagung, für deren Einladung ich mich an dieser Stelle beim Veranstalter recht herzlich bedanken möchte.

Wir müssen davon ausgehen, daß ein ökonomisches Wachstum, das die natürlichen Voraussetzungen nicht nur der Produktion, sondern auch die Lebensbedingungen der Produzenten weiterhin negativ beeinflußt, in der heutigen Zeit nicht Ziel einer sozialistisch oder kapitalistisch begründeten Wachstumstheorie und des jeweils dazugehörigen realen Wirtschaftswachstums sein kann.

Die "erkannten und definierten Zukunftserfordernisse" sind "allmählich in ökonomische Interessen zu transformieren", und "ökonomische Interessen der Gegenwart sind zu realisieren, ohne die Zukunftsinteressen zu untergraben", so Heinrichs auf dem 87. Bergedorfer Gesprächskreis. Er betonte auch, daß es bei einer derartigen Zielstellung "immer wieder Konfliktsituationen geben" wird. Aber das ist "die Herausforderung an eine gewissermaßen moralische Ökonomie, die auch den ökologischen Bedingungen Rechnung trägt" (Heinrichs 1989, S. 56).

Auch Heinrichs verlangt ein neues 'Bewertungssystem', das Betriebe und Kombinate veranlaßt, umweltschonende und ressourcensparende Investitionen vorzunehmen.

Und lassen sie mich in diesem Zusammenhang noch Hans-Peter Dürr aus seinem Referat auf der 21. Umwelttagung in Stuttgart-Hohenheim zitieren. Er drückte dort aus: "Mitweltverträgliches Handeln muß künftig unsere vorsorgeorientierte Haltung ablösen. Dies erfordert tiefgreifende Änderungen in unserer Art zu wirtschaften. Eine reine Wettbewerbswirtschaft, welche die Mitwelt bloß als Steinbruch betrachtet, wird durch ihre Eigendynamik die Grundlage menschlicher Zivilisation zerstören" (Dürr 1989, S. 47).

Es ist demnach eine Entwicklung in den Staaten beider Gesellschaftssysteme vorzusehen, die auf eine langfristig orientierte Innovationspolitik gerichtet ist, in der

Maßnahmen des Umweltschutzes und der Umweltgestaltung auf volkswirtschaftlicher, betrieblicher und territorialer Ebene einen hohen Stellenwert einnehmen, um durch sie sowohl die Betriebsergebnisse als auch die Arbeits- und Lebensbedingungen aller Werktätigen zu verbessern. Wir bezeichnen eine derartige Entwicklung als Einheit von Wirtschafts- und Sozialpolitik.

2. Gesetzliche Regelungen zum Umweltschutz in der DDR

Auftretende Interessenkonflikte, wie sie sich aus strategischen Orientierungen der Gesellschaft und notwendigermaßen engeren betriebswirtschaftlichen Betrachtungen ergeben, sollten durch zentrale, sprich staatliche, Steuerungsmaßnahmen reguliert werden. Dazu sind jüngst präzisierte gesetzliche Regelungen in der DDR erlassen worden wie z. B. die Verordnung über die Vorbereitung und Durchführung von Investitionen vom 30. November 1988. Sie verlangt in der Aufgabenstellung konkrete Zielvorstellungen für das zu erreichende wissenschaftlich-technische, arbeitswissenschaftliche und ökonomische Niveau der Investitionen und der Erzeugnisse bzw. Leistungen.

Und weiter heißt es: "Das schließt den Nachweis der Umweltverträglichkeit, der verfahrenstechnischen und technologischen Lösung sowie Zielstellungen zur sicheren und erschwernisfreien Gestaltung der Arbeitsbedingungen mit ein" (vgl. o. V. 1988 I, S. 289).

Mit der Anordnung über Aufgaben und das komplexe Zusammenwirken bei grundfondswirtschaftlichen Untersuchungen vom 21. April 1988 zielt der Gesetzgeber auf die Modernisierung als Hauptform der Grundfondsreproduktion unter Beachtung des wissenschaftlich-technischen Fortschritts und des Erneuerungsgrades der Erzeugnisse. Dabei sollen die nachstehenden volkswirtschaftlichen Ziele erreicht werden:

- rationelle Nutzung und hohe Auslastung der Fonds, um ein hohes ökonomisches Ergebnis zu erzielen,

- effektive Standortverteilung der Produktion und Erhöhung des Wirkungsgrades der territorialen Rationalisierung, um weitere Effektivitätssteigerungen durch ein abgestimmtes Zusammenwirken von Betrieben und territorialen Organen anzustreben,

- Verbesserung der Arbeits- und Lebensbedingungen sowie des Umweltschutzes bei hoher städtebaulicher und architektonischer Qualität der Lösungen (vgl. o. V. 1988 II, S. 82).

In diesen Zielen sind Forderungen nach Umweltverträglichkeit und Verbesserung des Umweltschutzes fixiert.

Umfassend ist in der Anordnung über die Ordnung der Planung der Volkswirtschaft der DDR 1986-90 (vgl. o. V. 1985, Nr. 1190) in den Abschnitten 'Planung des Umweltschutzes' und 'Territorialplanung' eine Zielstellung für die Maßnahmen des Umweltschutzes für Betriebe, Kombinate und Territorialorgane gegeben. So wird gefordert,

- die Umweltbedingungen besonders in den Arbeitszentren zu verbessern,
- die Verfügbarkeit natürlicher Resssourcen zu erhalten und deren Nutzbarkeit und Produktivität zu erhöhen und
- zur Verbesserung der Rohstoff- und Materialökonomie und Steigerung der volkswirtschaftlichen Effektivität beizutragen.

In dieser allgemeinen volkswirtschaftlichen Ausrichtung orientiert man sich sowohl auf ökologische als auch auf ökonomische Ziele hin. Konkret heißt es weiter, daß die Planung des Umweltschutzes für den laufenden Fünfjahresplan und die Jahresvolkswirtschaftspläne auf folgende Aufgaben zu konzentrieren ist:

- Rückhaltung von Inhaltsstoffen aus Abgasen oder Abwässern, insbesondere durch Entwicklung und Einführung abproduktarmer bzw. abproduktfreier Technologien, Rückführung von Wertstoffen in die Produktion, Unschädlichmachung der Schadstoffe,

- schadlose Beseitigung nicht nutzbarer Abprodukte durch Entgiftung, Verbrennung und Deponie,

- Verringerung der Schallemission bzw. Abschirmung von Wohngebieten vor unzulässigen Schallimmissionen und

- Wiederurbarmachung bergbaulich genutzter Bodenflächen für eine Folgenutzung, vor allem für die landwirtschaftliche Nutzung.

Auch in diesen Aufgaben sind ökologische Forderungen enthalten.

Bei Investitionsvorhaben des Umweltschutzes (unabhängig von der Wertgrenze) haben die Betriebe die Ergebnisse in folgenden Kennziffern auszuweisen:

- Kapazitätszuwachs,
- territoriale Umweltschutzeffekte,
- Wertstoffrückgewinnung und
- zu erreichende Effektivität.

Weiter wird in der Planungsordnung festgelegt, daß die Maßnahmen des Umweltschutzes in enger Zusammenarbeit zwischen den Wirtschaftszweigen und den Kombinaten mit den territorialen Staatsorganen festgelegt werden müssen. Damit ist die Planung auf diesem Gebiet von der Ebene der Ministerien über die Kombinate und Betriebe bis hin zu den Territorialorganen geregelt. Als Bestandteile der Planentwürfe sind gefordert:

(1) die wissenschaftlich-technischen Aufgaben,
(2) die Investitionsvorhaben des Umweltschutzes,
(3) die Generalreparaturen der Grundmittel des Umweltschutzes und
(4) die Wiederurbarmachung der bergbaulich genutzten Bodenflächen.

In der Planungsordnung ist festgelegt, daß das Ministerium für Umweltschutz und Wasserwirtschaft (in Übereinstimmung mit dem Ministerium für Wissenschaft und Technik und anderen zentralen Staatsorganen) die Planung von Schwerpunktaufgaben des Umweltschutzes für den Staatsplan 'Wissenschaft und Technik' koordiniert.

Darüber hinaus ist dieses Ministerium - in enger Zusammenarbeit mit den anderen Ministerien und den Räten der Bezirke - für die Leitung der langfristigen konzeptionellen Arbeit auf dem Gebiet des Umweltschutzes verantwortlich.

Durch die Kombinate sowie durch die Räte der Bezirke und Kreise sind Vorschläge für die Lösung wichtiger Aufgaben des Umweltschutzes in den Territorien und Wirtschaftszweigen zu erarbeiten, die unter Beachtung der jeweiligen spezifischen Bedingungen und den volkswirtschaftlichen Erfordernissen entsprechend in die langfristigen territorialen Entwicklungskonzeptionen und Veredlungskonzeptionen der Kombinate einzubeziehen sind.

In den Bezirken, aber auch in vielen Kreisen der DDR, sind diese langfristigen territorialen Entwicklungskonzeptionen des Umweltschutzes und der Umweltgestaltung, die bis an das Jahr 2000 reichen, von den zuständigen Volksvertretungen verabschiedet worden; für Berlin z. B. am 29. Juni 1989 (vgl. o. V. 1989, S. 9).

Damit liegen Entscheidungsgrundlagen für die langfristigen Lösungen von Schwerpunkten auf dem Gebiet des Umweltschutzes vor, die wesentliche Elemente für die Beachtung von Zusammenhängen zwischen Ökonomie und Ökologie enthalten.

Die gestiegene Verantwortung der territorialen Volksvertretungen auf dem Gebiet des Umweltschutzes kommt auch in der Festlegung der Planungsordnung zum Ausdruck, daß mit den Verursachern wesentlicher Umweltbelastungen (insbesondere Betriebe der chemischen Industrie, der Kohle- und Energiewirtschaft, des Erzbergbaus, der Kali- und metallurgischen Industrie sowie der Zellstoff- und Papierindustrie) die Schwerpunkte des Umweltschutzes abzustimmen seien. Die abgestimmten Aufgaben sind dann durch die Kombinate, Betriebe und Einrichtungen in ihre Pläne aufzunehmen und zu realisieren.

Entsprechend den Bedingungen der sozialistischen Planwirtschaft in der DDR sollten ökologisch-ökonomische Vorgehensweisen auf drei Ebenen angeführt werden:

(1) auf der Ebene der Volkswirtschaft,
(2) auf der territorialen Ebene (Bezirke) und
(3) auf der betrieblichen Ebene.

Wesentlich ist, daß für jede dieser Ebenen eine (oder mehrere, differenziert nach territorialen und technologischen Besonderheiten) Methodik zur Bestimmung der Umweltauswirkungen anzuwenden ist.

Auf der volkswirtschaftlichen Ebene geht es um die Einschätzung volkswirtschaftlich bedeutender Wirtschaftsvorhaben, wie z. B. neue Industrieanlagen, Kraftwerksbauten etc.. Hier sind im umfassenden Sinne Einschätzungen zu treffen, z. B. auch durch Modellrechnungen.

Auf der Ebene der Bezirke steht die Erfassung territorialer Auswirkungen von Wirtschaftsvorhaben einzelner Betriebe im Vordergrund. Der Prozeß dient hier insbesondere zur Qualifizierung von Entscheidungen der 'Staatlichen Umweltinspektion' bei den Räten der Bezirke hinsichtlich der Rang- und Reihenfolge von Maßnahmen.

Auf der Ebene der Betriebe erfolgt eine Einschätzung der Maßnahmen, die sich aus dem Investitions-, Rekonstruktions- und Modernisierungsprozeß ergeben und territorial begrenzte Auswirkungen haben, durch die Kosten-Nutzen-Analyse (vgl. Kroske 1987, S. 2-13) sowie durch Einführung von Maßnahmen zur Umweltverträglichkeit.

Die Erarbeitung spezifischer Methoden ergibt sich notwendigerweise aus der praktischen Handhabung in den einzelnen Ebenen. Die Zusammenfassung bis hin zu volkswirtschaftlichen Aussagen muß jedoch gewährleistet bleiben.

3. Ökologische Anforderungen an den Entscheidungsprozeß

Aus den dargelegten gesetzlichen Regelungen kann generell gefolgert werden, daß sowohl durch die langfristige Orientierung als auch durch ihre juristische Fixierung in Verordnungen, Richtlinien, Gesetzen etc. wesentliche Grundlagen für ein umweltgerechtes Verhalten der Betriebe und Kombinate vorhanden sind. Analysiert man jedoch die gegenwärtige Wirtschaftspraxis, zeigen sich Probleme und Interessenkonflikte, deren Ursachen im Wirtschaftsmechanismus selbst oder auch in theoretischen Ungenauigkeiten bzw. in nicht genügend durchdachten Lösungsansätzen zu finden sind.

Der Entscheidungsmechanismus muß demnach so gestaltet werden, daß wesentliche Folgen von Innovationen auf technischem, ökonomischem, ökologischem und auch auf sozialem Gebiet frühzeitiger erkannt und negative Folgen, hier insbesondere in ökologischer Hinsicht, auszuschließen oder zumindest zu minimieren sind. Dabei erhält die wissenschaftliche Gestaltung des Entscheidungsprozesses entscheidende Bedeutung.

"Es ist eine wichtige Aufgabe der Wissenschaft, unsere Fähigkeit zur Prüfung eventueller Auswirkungen künftiger Innovationen auf Mensch und Natur schon in einem Stadium, in dem die Entscheidung über diese Neuerungen erst vorbereitet wird, wesentlich zu erhöhen" (Laitko 1989, S. 29).

Kurzfristig orientierte Abschätzungen der Innovationstätigkeit, die Vorteile im Detail offerieren, erweisen sich oft bei langfristigen Untersuchungen als Milliardenverluste (Waldschäden u. ä.) (vgl. Wölfling 1988, S. 19). Deshalb sollten

- ökologische Fragen Bestandteil der langfristigen Planung für alle größeren Objekte, Projekte und Technologien sein und bereits bei der Formulierung wirtschaftlicher und politischer Zielstellungen berücksichtigt werden;

- alle relevanten (physiologischen, biologischen, ökonomischen, technischen, rechtlichen und sozialen) Faktoren analysiert sowie alle vorhandenen Datenquellen und Materialien ausgewertet werden;

- Voraussagen über mittel- und langfristige Wirkungen getroffen und Alternativvarianten vorgeschlagen werden;

- der Zustand des betroffenen Bereiches vor Inangriffnahme der Maßnahme und nach ihrem Abschluß untersucht und dabei ihre Wirkung auf die Umwelt gewichtet, ihr Ausmaß bestimmt sowie Vorschläge für Kontrollen erarbeitet werden;

- entsprechende Methoden für derartige Einschätzungen ökologischer Wirkungen von Wirtschafts- und anderen Maßnahmen ausgearbeitet und weiterentwickelt werden und;

- institutionelle Bedingungen geschaffen werden, innerhalb derer die Entscheidungsträger mit den Experten und der Öffentlichkeit zusammenarbeiten.

Gerade ökologische Aspekte zeigen einen hohen volkswirtschaftlichen und sozialen Effekt, der sich in den wenigsten Fällen unmittelbar auf Betriebsergebnisse auswirkt. Hierzu gehören z. B. Einsparungseffekte pro Produktionseinheit an Energie und Material, die, auf volkswirtschaftlicher Ebene aggregiert, sowohl einen hohen ökonomischen als auch ökologischen Nutzen bringen und die Forderung nach der notwendigen Einheit von Ökonomie und Ökologie sichtbar unterstreichen (vgl. Kotyczka 1989).

Um auf die weiter vorn angeführte 'Verordnung über die Vorbereitung von Investitionen' zurückzukommen und hieran einige Probleme der Einbeziehung ökologischer Kriterien darzustellen, die sich bei ihrer Anwendung ergeben, möchte ich folgendes hervorheben:

Obwohl Forderungen zur Berücksichtigung ökologischer Wirkungen und zur Umweltverträglichkeit in der Verordnung enthalten sind, sind die bisher erarbeiteten und für die Investitionsvorbereitung genutzten Gutachten, Dokumentationen und Genehmigungen noch nicht genügend an komplexen ökologischen Gesichtspunkten orientiert. Sie enthalten meist nur die Wirkungen auf einzelne Umweltmedien (Luft, Wasser, Boden, Lärm) und können nur wenig über komplexe Wirkungen des Objektes aussagen. Deshalb müssen die wissenschaftlich-methodischen Arbeiten zur Schaffung von Voraussetzungen zur Einführung von Umweltverträglichkeitsverfahren in das System der Leitung und Planung weitergeführt werden. Der Rahmen rechtlicher und ökonomischer Regelungen ist dazu noch sinnvoll zu ergänzen. Das Ziel muß darin bestehen, mögliche neuartige Umweltschäden rechtzeitig zu erkennen (vgl. Kroske 1989, S. 12), damit keine weitere Verschlechterung des Umweltzustandes eintreten kann.

Ein weiteres Problem besteht in der Divergenz zwischen den über lange Zeiträume wirkenden ökologischen Faktoren und der kurzfristigen Berücksichtigung von ökonomischen Ergebnissen. Die volks- und betriebswirtschaftliche Effektivitätsrechnung bezieht sich meist auf ein Geschäftsjahr, während ökologische Wirkungen (positive wie negative) längere Zeiträume aufweisen. Das beeinflußt die Beurteilung von Investitionen auf diesem Gebiet, da die Rückflußdauer auf der Basis des Nettogewinns nicht die vollen Aufwände (Einbeziehung des Aufwandes von vor- und nachgelagerten Investitionen) berücksichtigt.

Lösungen für dieses Problem sehe ich in der unbedingt notwendigen Einbeziehung ökologischer Wirkungen in den wirtschaftlichen Entscheidungsprozeß, dem ein Umdenken der verantwortlichen Leiter vorausgehen muß.

Obwohl Maßnahmen zur Verbesserung der Umweltqualität nicht nur ein Kostenfaktor sind, sondern sich vielmehr langfristig durch Schadensverhütung (an materiellen Schäden bei Gebäuden, der Forstwirtschaft, der menschlichen Gesundheit u. a.) auszahlen, ist diese allgemein anerkannte Tatsache auf der Betriebsebene noch nicht genügend ökonomisch greifbar.

Auch die theoretischen Ansätze zur Verbesserung der Bewertung von Schäden und zur Bewertung von Effekten durch umweltschonende Maßnahmen, deren Lösung jedoch in der Theorie noch nicht durchgängig sichtbar ist, kann nur eine praktische reale Änderung bringen, wenn das nötige planmethodische Instrumentarium dazu Wege aufzeigt, d. h. ökologische Kriterien noch stärker einbezieht.

Ein weiteres Problem besteht darin, daß die benötigten materiell-technischen und finanziellen Voraussetzungen für Umweltschutzinvestitionen auf Grund anderer Prioritäten nicht oder noch nicht gegeben sind.

Hier zeigen sich in jüngster Zeit zwischen den beiden deutschen Staaten Ansätze einer gemeinsamen, über die Staatsgrenzen hinausgehenden Vorgehensweise zur Lösung von beide Staaten belastenden Umweltproblemen. Auf diesem Gebiet weitere konkrete Ansätze und Projekte zu diskutieren, sehe ich als eine lohnenswerte Aufgabe, zu deren Lösung auch die Diskussionen auf dieser internationalen Arbeitstagung beitragen können.

Literaturverzeichnis

Dürr, H. P.: Innerer Widerstand gegen Umweltschutz. Vortrag auf der 21. Umwelttagung in Stuttgart-Hohenheim, in: Umwelt Magazin, 18. Jg., 1989, Heft 4, S. 47

Grüner, M.: Globale Umweltproblematik als gemeinsame Überlebensfrage - neue Kooperationsformen zwischen Ost und West. Vortrag auf dem Bergedorfer Gesprächskreis zu Fragen der freien industriellen Gesellschaft, in: Protokoll Nr. 87, 1989, S. 52

Heinrichs, W.: Globale Umweltproblematik als gemeinsame Überlebensfrage - neue Kooperationsformen zwischen Ost und West. Vortrag auf dem Bergedorfer Gesprächskreis zu Fragen der freien industriellen Gesellschaft, in: Protokoll Nr. 87, 1989, S. 56

Kotyczka, C.: Reproduktion der Grundfonds unter ökologischem Aspekt - ein Beitrag zur Erhöhung der volkswirtschaftlichen Effektivität (unveröffentlichtes Manuskript), Berlin 1989

Kroske, H.: Möglichkeiten zur Anwendung ökologisch-ökonomischer Einschätzungen (Environmental Impact Assessment) im Planungsprozeß von Umweltmaßnahmen, in: Nachrichten Mensch-Umwelt, 15. Jg., 1987, Heft 3, S. 2-13

Kroske, H.: Umweltverträglichkeit: Forderungen der Natur an die Gesellschaft, in: spectrum, 20. Jg., 1989, Heft 6, S. 12

Laitko, H.: Die Herausforderung: Innovation, in: spectrum, 20. Jg., 1989, Heft 5, S. 29

o. V.: Anordnung über die Ordnung der Planung der DDR 1986-90 vom 7. Dezember 1984, Teil P, Territorialplanung, Planung des Umweltschutzes, in: Gesetzblatt der DDR, 1985, Nr. 1190 p

o. V.: Statistisches Jahrbuch der DDR, Berlin 1986

o. V.: Verordnung über die Vorbereitung und Durchführung von Investitionen vom 30. November 1988, in: Gesetzblatt Teil I, Nr. 26 vom 16. Dezember 1988, S. 289 (zitiert als o. V. 1988 I)

o. V.: Anordnung über Aufgaben und das komplexe Zusammenwirken bei grundfondswirtschaftlichen Untersuchungen vom 21. April 1988, in: Gesetzblatt Teil I, Nr. 9 vom 17. Mai 1988, S. 82 (zitiert als o. V. 1988 II)

o. V.: Programm zur weiteren Gestaltung der Umweltbedingungen, in: Berliner Zeitung, 1989, Nr. 152, S. 9

Simonis, U. E.: Ecological Modernization of Industrial Society - Three Strategic Elements, in: Zentrum Berliner Soziologischer Forschungen, Berlin 1988, S. 401

Steinitz, K.: Probleme des Wirtschaftswachstums in der ökonomischen Strategie, in: Sitzungsbericht der Akademie der Wissenschaften der DDR, 1988

Wölfling, M.: Treibhauseffekt für Innovationen, in: spectrum, 19. Jg., 1988, Heft 12, S. 19

Ökonomische Einflußnahme auf die Herausbildung geschlossener Stoffkreisläufe

Eberhard Garbe

1. Charakterisierung wirtschaftlicher Stoffkreisläufe

Strategien und Maßnahmen eines integrierten Umweltschutzes zielen auf geschlossene Stoffkreisläufe in volks-und betriebswirtschaftlicher Sicht ab. Volkswirtschaftliche Stoffkreisläufe beginnen dort, wo Finalprodukte, die ihren Gebrauchswert verloren haben, oder Abfälle der Produktion bzw. Konsumtion als Sekundärrohstoffe wieder in den gesellschaftlichen Produktionsprozeß derselben oder anderer volkswirtschaftlicher Finalprodukte eintreten.

Je mehr 'Exkremente' der Produktion und Konsumtion in den gesellschaftlichen Produktionsprozeß *zurückkehren* - direkt oder nach spezieller Aufbereitung - um so höher ist der *Grad* der 'Geschlossenheit' des Stoffkreislaufs. Allerdings sind vollständig in sich geschlossene volkswirtschaftliche Stoffkreisläufe sowohl aus wissenschaftlich-technischen und energetischen als auch aus ökonomischen Gründen nicht möglich.

Stoffkreisläufe in der Wirtschaft sind dadurch gekennzeichnet, daß Produktionsabfälle aus verschiedenen aufeinanderfolgenden Stufen des gesellschaftlichen Produktionsprozesses sowie Altstoffe und Konsumtionsabfälle ganz oder teilweise, direkt oder nach spezieller Aufbereitung, in vorangehenden Stufen wieder als Sekundärrohstoffe eingesetzt und verwertet werden.

In sich geschlossene Stoffkreisläufe in der Wirtschaft tragen zur Minderung des Verzehrs natürlicher Ressourcen bei, *verringern* die Belastung der Umwelt durch Exkremente der Produktion und Konsumtion, *vergrößern* das verfügbare Rohstoffaufkommen und erhöhen insgesamt die *Effektivität der gesellschaftlichen Arbeit* (vgl. Garbe/Graichen 1986, S. 165).

Die in fortgeschrittenen Industrieländern gesammelten Erfahrungen besagen, daß die Herausbildung und weitere Vervollkommnung wirtschaftlicher Stoffkreisläufe im wesentlichen mit vier Aufgabenkomplexen verbunden ist:

(1) Der Bestimmung und Gewährleistung einer optimalen Erzeugnisqualität und der damit verbundenen optimalen Nutzungsdauer der Erzeugnisse. Das ist der *erzeugnisbezogene Ansatzpunkt* zur Herausbildung wirtschaftlicher Stoffkreisläufe.

(2) Einer besseren Verwertung der für die Produktion von Erzeugnissen verfügbaren Rohstoffe, Materialien und Energieträger - also Abfallminimierung oder

sogar -beseitigung. Hierbei handelt es sich um den *verfahrens- und technologiebezogenen Ansatzpunkt* einer rationellen Stoffkreislaufgestaltung.

(3) Der rationellen Erschließung bzw. Verwertung der Inhaltsstoffe ('Abprodukte') aus jenen Produktions- und Konsumtionsabfällen, die nach dem gegenwärtigen Erkenntnisstand von Wissenschaft und Technik unvermeidbar sind.

(4) Einer geordneten Deponie gegenwärtig noch nicht verwertbarer Abfälle und Altstoffe oder deren schadloser Beseitigung.

Nachfolgend wird auf die vier Grundsatzaufgaben zur Herausbildung und weiteren Vervollkommnung volkswirtschaftlicher Stoffkreisläufe näher eingegangen. Damit sollen zugleich auch wichtige ökonomische Forschungsaufgaben und Untersuchungen signalisiert werden.

2. Zum erzeugnisbezogenen Ansatzpunkt der Herausbildung wirtschaftlicher Stoffkreisläufe

Vor dem Erzeugnisentwickler - sowohl in der stoffverarbeitenden als auch in der stoffwandelnden Industrie - steht die anspruchsvolle Aufgabe, Erzeugnisse zu entwikkeln, welche neben anderen bedarfsgerechten Gebrauchseigenschaften auch die Gebrauchseigenschaft 'stoffkreislauf- bzw. recyclinggerecht' aufweisen. Diese Gebrauchseigenschaft ist *Bestandteil des Gebrauchswertes* eines Erzeugnisses und erhöht oder senkt diesen - je nachdem, wie es dem Erzeugnisentwickler gelingt, diese Eigenschaften bedarfsgerecht auszuprägen.

Die Marktsituation macht es also erforderlich, neu- und weiterentwickelte Erzeugnisse auch nach ihrer "Recyclingqualität" (TGL 45698/02) zu beurteilen, wobei unterschiedliche Niveaustufen möglich sind. In ein hohes Niveau einstufbar sind Erzeugnisse dann, wenn die darin eingegangenen Rohstoffe, Materialien und Energieträger möglichst *lange* im Nutzungsprozeß verbleiben, also eine optimale Nutzungsdauer z. B. einer Anlage, einer Maschine oder eines Gerätes erreicht wird (vgl. Garbe/Graichen 1986 I, S. 665 ff.). Das ist zugleich ein wesentliches Qualitätskriterium.

Insbesondere durch einen günstigen Korrosionsschutz, durch leichte *Auswechselbarkeit* von Teilen und Baugruppen sowie durch *rekonstruktionsfreundliche* Gestaltung von Anlagen kann die Nutzungsdauer verlängert werden. International hat sich der Begriff

'Maschinenrecycling' herausgebildet, der insbesondere das Regenerieren von Teilen und Baugruppen sowie das Modernisieren von Maschinen, Anlagen und Anlagensystemen umschließt.

Durch eine längere Nutzungsdauer wird der Aussonderungszeitpunkt und damit der Zeitpunkt des Anfalls von Altstoffen relativ verzögert.

Mit der vornehmlich durch den Erzeugnisentwickler - aber auch durch den Erzeugnisanwender - beeinflußbaren Nutzungsdauer von industriellen Erzeugnissen wird der volkswirtschaftliche Stoffkreislauf wesentlich beeinflußt:

- Eine hohe Nutzungsdauer von Arbeitsmitteln und industriellen Konsumgütern kann langfristig zu einer wesentlichen *Verringerung des spezifischen Material- und Energieträgereinsatzes* beitragen und ist deshalb durch die konstruktive Gestaltung der Erzeugnisse sowie ihre pflegliche Behandlung und Nutzung in Verbindung mit zweckmäßiger Wartung und Instandhaltung wirksam zu fördern - soweit sie nicht den wissenschaftlich-technischen Fortschritt und die auf ihm basierende Erhöhung der Effektivität der Arbeit hemmt oder aber (bei industriellen Konsumgütern) in Widerspruch zu den Modebedürfnissen gerät.

- Recyclingqualität besitzen auch jene Erzeugnisse, die es ermöglichen, zum Zeitpunkt der Aussonderung die *Inhaltsstoffe* (Nutzmaterial bzw. Sekundärrohstoffe) leicht rückgewinnen zu können. Allerdings werden hierbei das Veredlungsniveau eingesetzter Werkstoffe und die vergegenständlichte Arbeit sowie Energie nicht so intensiv ausgenutzt wie im ersten Fall. Eine besondere Bedeutung hat hierbei das für die Volkswirtschaft der DDR verbindlich eingeführte Verursacherprinzip erlangt (vgl. o. V. 1981, S. 23). Es fordert von den Kombinats- und Betriebsdirektoren, *bereits im Stadium der Erzeugnisentwicklung zu klären*, was mit den Inhaltsstoffen der ausgesonderten bzw. konsumierten Erzeugnisse geschehen soll (vgl. o. V. 1986, S. 409 ff.).

Der Käufer eines Erzeugnisses wählt zunehmend danach aus, ob es recycling- bzw. ökologiegerecht ist. Insofern ist festzustellen, daß seitens der Verbraucher und der Anwender von Erzeugnissen - sowohl von Produktions- als auch von Konsumtionsmitteln - ein beachtlicher Druck in einer Richtung ausgeübt wird, mit der die Herausbildung wirtschaftlicher Stoffkreisläufe gefördert wird.

Bezogen auf das Chemieanlagenkombinat der DDR wie auf alle maschinen-, geräte- und anlagenbauenden Betriebe ist die Recycling- und Umweltqualität der Erzeugnisse vor allem auch aus *betriebswirtschaftlicher* Sicht zunehmend bedeutsam. Insbesondere auf dem Weltmarkt wird spürbar, daß die Recycling- und Ökologiegerechtheit den Verkaufserlös und das wirtschaftliche Ergebnis der Nutzung von Maschinenbauerzeugnissen erhöht. Recyclinggerechte Konstruktion bedeutet abfallarme Fertigungstechnologie, leichte Austauschbarkeit und Regenerierfähigkeit von Baugruppen und -elementen während der Nutzungsdauer sowie leichte Rückgewinnung der Inhaltsstoffe aus ausgesonderten Maschinen und Anlagen. Recyclinggerechtes Konstruieren trägt damit entscheidend zur Schonung primärer Ressourcen sowie der Umwelt bei und zahlt sich durch bessere Materialausnutzung, verlängerte Nutzungsdauer und günstige Schrotterlöse aus (vgl. Garbe/Salomon 1989, S. 79-83).

Recyclinggerechtheit ist eine Gebrauchseigenschaft und damit ein Zielkriterium der Erzeugnisentwicklung, aus dem sich ein vielseitiges Programm vom Hersteller zu berücksichtigender Anforderungen ableitet. Notwendige Entscheidungen müssen sich auf den Gebrauchswert und die die Kosten beeinflussenden Faktoren sowohl bei der Produktion als auch bei der Rückgewinnung von Inhaltsstoffen nach der erfolgten Aussonderung bzw. nach dem Verbrauch beziehen.

Vor der ökonomischen Forschung stehen in diesem Zusammenhang bedeutsame Aufgaben: bei der Bestimmung und Bewertung des Gebrauchswertes von Erzeugnissen müssen die Recycling- und Umweltqualität als gebrauchsbestimmende Eigenschaft bestimmt, gewichtet und einbezogen werden. Zugleich sind die ökonomischen Auswirkungen meß- bzw. bewertbar zu machen, die sich aus der unterschiedlichen Ausprägung dieser Gebrauchseigenschaften für den Nutzer des Erzeugnisses und letztlich für die Volkswirtschaft ergeben. Es sind auch Bewertungsmöglichkeiten zu entwickeln, mit denen verdeutlicht werden kann, welche ökonomischen und ökologischen Auswirkungen durch *nicht* recycling- bzw. ökologiegerechte Erzeugnisse ausgelöst werden.

In der DDR gibt es Überlegungen zur Einführung einer sogenannten *Abproduktengebühr*, d. h. die Betriebe müssen für die bei ihnen anfallenden und nicht verwertbaren Abprodukte Gebühren entrichten (mit denen die Kosten bzw. der Gewinn des Betriebes belastet wird). Ähnlich wie dies bereits in der österreichischen Volkswirtschaft praktiziert wird, soll dadurch der Druck zur Abproduktenminimierung und -verwertung bedeutend verstärkt werden. Zu dieser Problematik sind weitere ökonomische Forschungsarbeiten angezeigt.

Von dem nach dem Verursacherprinzip verantwortlichen Kombinaten und Betrieben ist insbesondere der notwendige wissenschaftlich-technische *Vorlauf zur Entwicklung von Verwertungsverfahren* sowie zur Erschließung neuer Einsatzgebiete zu schaffen. Sie haben die dazu notwendigen Forschungs- und Entwicklungsaufgaben in ihre Pläne 'Wissenschaft' und 'Technik' aufzunehmen (vgl. o. V. 1982, S. 515).

Ist die Erschließung von sekundären Rohstoffen aus den Altstoffen durch den verursachenden Betrieb aufgrund der Spezifik seiner Produktionsaufgaben nicht möglich, so ist von ihm die Verwertung mit denjenigen Betrieben zu organisieren, welche die gewinnbaren Sekundärrohstoffe zur materiell-technischen Sicherung ihrer Produktion einsetzen können. Diesen Betrieben obliegen dann die Pflichten des Verursachers. Es wird zu untersuchen sein, ob eine Substitution sekundärer anstelle primärer Rohstoffe ökonomische Vorteile erbringt.

Ein zunehmendes *Tempo der Erzeugnisinnovation* bietet die Chance, auch entsprechend große Fortschritte bei der recyclinggerechten Gestaltung der Erzeugnisse zu erreichen. Dies trifft auch für die *Verpackung* der Erzeugnisse zu.

Was die Rückgewinnung der Inhaltsstoffe aus verschlissenen und ausgesonderten Arbeitsmitteln und langlebigen industriellen Konsumgütern angeht, so stehen Wissenschaft und Technik vor einer gewaltigen Herausforderung:

Im Weltmaßstab stellt sich die Situation so dar, daß die Inhaltsstoffe aus zahlreichen Finalerzeugnissen nicht oder nur zum geringen Teil erfaßt, gesammelt, aufbereitet und einer sekundären Nutzung zugeführt werden. Das trifft z. B. zu für Fußbodenbelag, für Aluminiumfolie-Erzeugnisse, für Schuh- und Lederwaren, aber auch für Staubsauger, Elektro- und Gasherde, Rundfunkgeräte und Kühlschränke, die nicht nur wertvolle Inhaltsstoffe, sondern auch umweltschädigende Stoffe enthalten. Letzteres bezieht sich z. B. auch auf verbrauchte Batterien (Elemente) aus Taschenlampen, Rundfunkgeräten usw..

Der Anfall von Altstoffen aus ausgesonderten Erzeugnissen kann verzögert werden - und das ist volkswirtschaftlich positiv zu werten - indem z. B. in der DDR spezielle Läden für den An- und Verkauf gebrauchter industrieller Konsumgüter eingerichtet wurden. Damit wird eine Mehrfachnutzung gefördert und die Nutzungsdauer erhöht. Dem Prinzip, Rohstoffe und Materialien möglichst lange im Nutzungsprozeß verbleiben zu lassen, entsprechen auch die Mehrwegverpackungen. Dadurch wird eine *Verlangsamung* des volkswirtschaftlichen Stoffkreislaufs erreicht, die ökologisch wie ökonomisch positiv zu bewerten ist, weil die verfügbaren Rohstoffe und Materialien über einen längeren Zeitraum der Bedarfsdeckung dienen.

3. Zum verfahrens- und technologiebezogenen Ansatzpunkt der Herausbildung wirtschaftlicher Stoffkreisläufe

Abproduktarme Technologien bilden beim verfahrens- bzw. technologiebezogenen Ansatzpunkt einer rationellen Stoffkreislaufgestaltung einen entscheidenden Schwerpunkt. Es sind Technologien, die so ausgelegt sind, daß bei ihrer Anwendung in den Produktionsprozessen keine oder nur auf ein technisch bedingtes Minimum beschränkte Abfälle auftreten. Sie weisen einen hohen *Materialausnutzungskoeffizienten* auf. Wie differenziert abproduktarme Technologien praktisch wirksam sind, zeigen folgende Beispiele:

Wird das thermoplastische Brillengestell aus einer Kunststoffplatte herausgefräst (wie das heute noch üblich ist), dann liegt der Materialausnutzungskoeffizient lediglich bei etwa 20%. Die restlichen 80% sind Fräsabfälle, die zwar wieder aufbereitet und einer sekundären Nutzung zugeführt werden können, doch wird sich eine wesentlich günstigere Effektivitätsrechnung ergeben, wenn bei dieser Produktion das Kunststoff-Präzisionsspritzgießverfahren zum Einsatz gelangen wird, bei dem der Materialausnutzungskoeffizient nahe 100% liegt. Beim Drehen von Gußstücken liegt der Materialausnutzungskoeffizient z. T. nur bei 35%.

Die Entwicklung und systematische Einführung abproduktarmer und -freier Technologien eröffnet eine große Aufgabenstellung für Wissenschaft und Technik (vgl. Autorenkollektiv 1988). Vom Stand der Entwicklung und Einführung dieser Technologien wird die Höhe des Produktionsabfalles beeinflußt, der - ebenfalls abhängig vom Entwicklungsstand von Wissenschaft und Technik - zu einem bestimmten Teil zwar in Sekundärrohstoffe überführt werden kann; ökonomisch wie ökologisch ist es aber in der Regel immer vorteilhafter, Produktionsabfälle zu minimieren oder gar nicht erst entstehen zu lassen, als eine nachträgliche Aufbereitung vorzusehen, die vor allem zusätzlichen Energie-, Transport-, Umschlag- und Lageraufwand erfordert.

Abprodukte stellen sich als ein bedeutsamer Widerspruchskomplex dar:

- einerseits gehen von den Abprodukten negative ökonomische und ökologische Wirkungen aus, die es zu minimieren gilt;

- andererseits sind Abfälle, Altstoffe und Sekundärenergien die Aufkommensquelle ökonomisch positiv zu wertender sekundärer Ressourcen, mit denen in beachtlichem Maße zur Deckung des Rohstoff- und Energiebedarfs der Volkswirtschaft beigetragen werden kann.

Dieser Widerspruch wird in der Volkswirtschaft der DDR durch ein Konzept zu lösen versucht, das auf die Herausbildung wirtschaftlicher Stoffkreisläufe abzielt.

Der Hauptweg zur Gestaltung wirtschaftlicher Stoffkreisläufe besteht in einer höheren Veredlung der verfügbaren Rohstoffe, Materialien und Energieträger und der damit verbundenen recyclinggerechten Erzeugnis- und Verfahrensgestaltung.

4. Recyclingprozesse zur Wandlung von unvermeidbaren Altstoffen und Abfällen in Sekundärrohstoffe

Altstoffe und Abfälle fallen meist in einem solchen Zustand an, in dem sie für einen erneuten Wiedereinsatz in einem Produktionsprozeß nicht geeignet sind. Ihr Anfallort ist auch meist nicht identisch mit dem Ort ihrer Wiederverwertung. In vielen Fällen ist neben dem Entsorgen der Anfallstelle ein Abtransport zur Sammelstelle gleichartiger Altstoffe und Abfälle notwendig. Wenn keine sortenreine Erfassung am Anfallort erfolgt, muß spätestens im weiterverarbeitenden Betrieb sortiert werden.

Die elementaren Prozesse des Erfassens, Sammelns und Aufbereitens bilden in der Volkswirtschaft der DDR einen Schwerpunkt bei der Herausbildung und ständigen Vervollkommnung von Stoffkreisläufen. Diese Prozesse stellen sich vielschichtig dar und sind sowohl technisch-organisatorisch als auch technologisch weiter zu durchdringen und zu regeln. Ihre ökonomischen Ergebnisse sind in bedeutendem Maße abhängig von den Anfallorten, von den Anfallmengen, von der Sortierung am Anfallort, vom Anfallzeitpunkt und -rhythmus und vom technisch-ökonomischen Niveau der Aufbereitungstechnologien. Sie spiegeln sich zusammengefaßt im Substitutionsnutzen wider, der sich beim Einsatz des gewinnbaren Sekundärrohstoffes anstelle eines primären Rohstoffes ergibt.

Welche großen ökonomischen Potenzen bei gleichzeitigen ökologischen Vorteilen erschließbar sind, ist z. B. aus dem CO_2-Anfall in der DDR erkennbar. In einer Studie wird auf mindestens 200 Mio. t CO_2 verwiesen, die jährlich alleine aus den Kraftwerken ausgestoßen werden. Dennoch wird CO_2 importiert. Die Forderung, daß die Abfallminimierung und vor allem auch die sekundäre Nutzung nach dem Beispiel des

Leuna-Kombinates einen Forschungsschwerpunkt bilden muß, wird durch das Signal von Klimatologen unterstrichen, wonach sich in etwa 50 Jahren der CO_2-Gehalt der Atmosphäre verdoppeln werde und deshalb sehr ungünstige Klimaveränderungen zu befürchten sind.

Welch hoher Stellenwert den Prozessen der Erfassung, Sammlung und Aufbereitung in der Volkswirtschaft der DDR beigemessen wird, geht allein daraus hervor, daß dafür zwei *spezielle Kombinate* gebildet wurden:

(1) Das *Kombinat Sekundärrohstofferfassung*, das mit seinen Betrieben vor allem für die Erfassung aller in den Haushalten anfallenden Sekundärrohstoffe zuständig ist. Das Erfassungssortiment umfaßt somit Altpapier, Flaschen, Gläser, Glasbruch, Alttextilien, sog. Kleinschrott, Elektronikschrott und Thermoplastabfälle. Das Kombinat sichert eine enge Zusammenarbeit mit den örtlichen Räten und gesellschaftlichen Organisationen zur Mobilisierung der in den *Territorien* vorhandenen Sekundärrohstoffressourcen.

(2) Das *Kombinat Metallaufbereitung*, dem die Erfassung und Aufbereitung der metallischen Sekundärrohstoffe obliegt, d. h. insbesondere von Stahl- und Gußeisenschrott sowie Schrott aus Aluminium, Blei, Kupfer, Zink und Edelmetallen sowie deren Legierungen. Das Kombinat liefert den aufbereiteten Schrott an die schrottverbrauchenden Kombinate und deren Betriebe (also an Stahl- und Walzwerke, Hüttenbetriebe der NE-Metallurgie und an Gießereien). Zu den Aufgaben dieses Kombinates gehören auch die Planung und Durchführung von Forschungs- und Entwicklungsarbeiten zur rationellen Aufbereitung von metallischen Abprodukten und zum Wiedereinsatz von metallischen Sekundärrohstoffen sowie zur Einführung dieser Forschungsergebnisse.

5. Schadlose Beseitigung von Abprodukten

Die möglichst schadlose Beseitigung von Abprodukten umfaßt alle technischen und technologischen Maßnahmen einer schadlosen Abgabe an die Biosphäre. In der Mehrzahl der Fälle scheiden dabei die Stoffe aus dem Reproduktionsprozeß aus und gehen der Volkswirtschaft als Rohstoffressourcen verloren.

Die schadlose Abgabe an die natürliche Umwelt wird auf folgenden Wegen vollzogen:

- Entgiftung und Verbrennung von Abprodukten;
- geordnete Deponie von Abprodukten;
- schadlose Abgabe von Abprodukten an die Hydrosphäre und Atmosphäre.

Verantwortlich für die schadlose Beseitigung sind die Betriebe, die nicht nutzbare Abprodukte verursachen. Die Verursacher haben die erforderlichen materiell-technischen, finanziellen und personellen Voraussetzungen für die schadlose Beseitigung zu schaffen, die erforderlichen Untersuchungen durchzuführen und den notwendigen wissenschaftlich-technischen Vorlauf zur Entwicklung von Verfahren und Methoden zur Minderung des Abproduktenanfalls und zur schadlosen Beseitigung nicht nutzbarer Abprodukte entsprechend dem wissenschaftlich-technischen Höchststand zu sichern.

Für nicht nutzbare Abprodukte, die aufgrund ihrer Inhaltsstoffe als volkswirtschaftliche Rohstoffreserve bedeutsam sind, haben die Verursacher auf der Grundlage von staatlichen Vorgaben und Gutachten *Vorschläge* für eine selektive Deponie zu erarbeiten. Ein Beispiel dafür sind cyanidhaltige Härtereisalze.

6. Die Bewertung von Abprodukten

Als Problem ergibt sich, daß die mitunter in großen Dimensionen anfallenden Produktionsabfälle im betrieblichen Rechnungswesen als w e r t l o s ausgewiesen werden. Es existieren lediglich mengenmäßige Aufzeichnungen.

Bei dieser Vorgehensweise existiert kein ökonomischer Druck zur Verwertung der anfallenden Abprodukte. Außerdem zeigen die Erfahrungen aus Kombinaten und Betrieben, daß die ökonomischen Ergebnisse, die aus der Aufbereitung und Verwertung von Abprodukten bzw. Sekundärrohstoffen erzielt werden können, in der Regel nicht solche Größenordnungen erreichen, daß sie in besonderem Maße in das Blickfeld der Betriebsleitung gerückt werden. So spielen z. B. auch die Erlöse aus dem Verkauf von Sekundärrohstoffen im Verhältnis zum Absatz der im Betrieb produzierten Waren meist nur eine untergeordnete Rolle.

Diese Situation resultiert auch daraus, daß es bislang nicht gelungen ist, die anfallenden Abprodukte auch hinsichtlich ihres Schadstoffgehaltes zu bewerten. D. h., es wurde noch kein befriedigender Weg gefunden, anfallende Abprodukte auch nach ökologischen Kriterien zu bewerten.

Wir sind gegenwärtig dabei, Möglichkeiten einer stärkeren ökonomischen Einflußnahme auf die Abproduktenverwertung zu erschließen (vgl. Garbe/Graichen 1986, S. 8 ff.). Ziel ist es, den Abproduktenverwertungsgrad bedeutend zu erhöhen. Bei unserem Vorgehen konzentrieren wir uns gegenwärtig darauf, die anfallenden und noch keiner Verwertung zugeführten Abprodukte zu *b e w e r t e n*.

Resümierend aus der Arbeit der vergangenen Jahre kristallisieren sich im wesentlichen drei Bewertungsvarianten heraus:

Variante 1: Die Bewertung der Abprodukte durch Bestimmung des in ihnen enthaltenen 'Restwertes'.

Bei dieser Bewertungsmethode werden zur Bestimmung des 'Restwertes' die Abprodukte als sog. Kuppelprodukte betrachtet. Das ist eine insbesondere in der chemischen Industrie übliche Vorgehensweise. Die Bezeichnung 'Kuppelprodukt' ist in der chemischen Industrie eindeutig definiert.

Nach der für die Kuppelproduktion üblichen Kostenverteilungsrechnung wird der Kostenanteil der Abprodukte (also eines 'Kuppelproduktes') am Gesamtaufwand für die Produktion der Chemieprodukte ermittelt (vgl. Werner 1986). Auf diese Weise ist es möglich, Abprodukte wie Rohstoffe bzw. Material in die wirtschaftliche Rechnungsführung einzubeziehen. Sie müssen dementsprechend finanziert werden. Der Wert der so bewerteten Abprodukte wird - wie bei allen anderen Kuppelprodukten auch - erst mit Verwertung (bzw. mit dem Verkauf) realisiert.

Nach dieser Vorgehensweise werden (nicht genutzte) Abprodukte wie Kuppelprodukte behandelt. Es wird ein wirkungsvoller ökonomischer Zwang zur Nutzbarmachung erreicht.

Variante 2: Bewertung der Abprodukte nach dem Rohstoffäquivalent substituierbarer Primärrohstoffe.

Dieser Bewertungsmethode liegt der Gedanke zugrunde, den Preis substituierbarer primärer Rohstoffe als Bewertungsmaßstab anzuwenden. Es handelt sich also um eine fiktive Geldgröße, die unabhängig vom Wertbildungsprozeß angesetzt wird. Damit ist es nicht ohne weiteres möglich, die so gebildete Wertgröße in eine finanzielle Bilanz des Betriebes aufzunehmen. Auch wird keine wesentliche Stimulierung im Rahmen der wirtschaftlichen Rechnungsführung erreichbar sein.

Der Vorteil dieser Methode besteht aber ganz offensichtlich darin, die im Reproduktionsprozeß der Betriebe eintretenden Rohstoff- und Materialverluste in Geldeinheiten zu verdeutlichen.

Im Jahresabschlußbericht des Betriebes können derartige Ausweise als Grundlage für ökonomische Einschätzungen dienen.

Variante 3: Einführung einer Abproduktengebühr bzw. -abgabe.

Eine stärkere Stimulierung der auf die Nutzbarmachung von Abprodukten gerichteten Aktivitäten der Betriebe kann auch durch die Einführung einer Abproduktengebühr erreicht werden.

Eine derartige Abgabe wäre bezogen auf die Menge der nicht genutzten Abprodukte festzulegen. Offen bleibt, in welcher Weise Differenzierungen in Abhängigkeit von den Rohstoffverlusten und den Umwelteinflüssen möglich sind.

Eine derartige Regelung steht in Österreich kurz vor dem Abschluß. Wir werden interessiert verfolgen, wie sich diese Regelung dort bewährt. Mit der Einführung einer Abproduktengebühr wird die Deponie bzw. Beseitigung von Abprodukten verteuert. Überlegungen zur komplexen Stoffausnutzung und zur Vermeidung des Abproduktenanfalls ließen sich u. E. in bedeutendem Maße fördern. Zugleich ließe sich der ökonomische Spielraum für die Aufbereitung und Verwertung anfallender Abprodukte erweitern.

Alle drei Varianten werden gegenwärtig beraten und ökonomische Vor- und Nachteile gegeneinander abgewogen. An der Technischen Hochschule 'Carl Schorlemmer' Leuna-Merseburg sind wir gegenwärtig dabei, an ausgewählten Beispielen die mögliche ökonomische Auswirkung der dargestellten Varianten zu simulieren.

7. Ein praktisches Beispiel aus den Chemiekombinaten

In den Chemiekombinaten der DDR sind einige Prämissen gesetzt, die bei der Herausbildung wirtschaftlicher Stoffkreisläufe stets beachtet werden.

Eine dieser Prämissen bezieht sich darauf, mittels abproduktarmer oder -freier Technologien den Abproduktenanfall von vornherein zu minimieren, d. h.: Minimierung geht vor Verwertung!

Eine zweite Prämisse besagt, daß grundsätzlich jedes Abprodukt einen potentiellen (sekundären) Rohstoff darstellt. Daraus abgeleitet ist die konkrete Aufgabe, bislang noch nicht genutzte Abprodukte einer effektiven Verwertung zuzuführen, in den Plänen 'Wissenschaft' und 'Technik' enthalten. Ein bislang noch ungelöstes Problem ist hierbei, in die damit verbundenen Effektivitätsrechnungen auch die ökologischen Effekte einzubeziehen. Ihre Bewertbarkeit stellt sich als eine grundlegende Aufgabe dar, die uns gegenwärtig sehr beschäftigt.

Hervorzuheben ist in diesem Zusammenhang die Arbeit der Chemiekombinate mit langfristigen Konzeptionen. So wurde im Jahr 1985 z. B. im Fotochemischen Kombinat in Wolfen begonnen, gleichrangig neben der langfristigen Entwicklungskonzeption des Kombinats für Erzeugnisse und Investitionen und der langfristigen Forschungsstrategie eine Umweltschutzkonzeption bis zum Jahr 2000 zu erarbeiten. In einem ersten Arbeitsschritt wurde untersucht, wie durch verstärkte Nutzung bisheriger Abprodukte bei gleichzeitig positiver Wirkung auf die Umweltfaktoren eine intensivere Rohstoffnutzung erfolgen kann. Ausgehend von einer fundierten Analyse des Standes der Nutzung aller eingesetzten Rohstoffe wurden Möglichkeiten zur Nutzung aller bisherigen Abprodukte und damit zur gleichzeitigen Verbesserung der natürlichen Umwelt herausgearbeitet und berechnet.

Aus der Analyse ergab sich, daß gegenwärtig 37,2% der eingesetzten Rohstoffe in die zum Verkauf gelangende Ware eingehen, 12,4% der Roh- und Zwischenprodukte einer Fremdverwertung (Verkauf) zugeführt werden und 14,8% wieder in den Produktionskreislauf des eigenen Kombinates zurückgeführt werden. Als entscheidender Ansatzpunkt für eine effektive Nutzung der Rohstoffe zeigte sich der noch relativ hohe Abproduktenanfall von 36,6%. Weitere Untersuchungen ergaben, daß diese Abprodukte zum überwiegenden Teil einer stofflichen oder energetischen Verwertung zugeführt werden können. Für fast alle Abprodukte konnte eine Verwertungsmöglichkeit nachgewiesen werden.

Mit der Ableitung der notwendigen Maßnahmen - sie sind alle mit nicht geringen Aufwendungen verbunden - mußte eine Rang- und Reihenfolge festgelegt werden. Dabei konnte festgestellt werden, daß Maßnahmen, welche die besten ökonomischen Effekte erbringen, in der Regel auch zu einer hohen Umweltentlastung führen. Bei den praktischen Effektivitätsermittlungen (der Maßnahmen) wurde von den in Geld meßbaren Effekten ausgegangen. Die enormen positiven Einflüsse auf die Umwelt, wie

- die Senkung der Belastung der Gewässer,
- die Verhinderung des Waldsterbens,
- die Verringerung der Korrosion und nicht zuletzt
- das Wohlbefinden der Bürger,

die sich aus Umweltschutzmaßnahmen ergeben, konnten nicht ökonomisch bewertet werden, weil dazu die Bewertungsgrundlagen fehlen.

Die perspektivische Entwicklung des Umweltschutzes und eine effektivere Rohstoffnutzung werden im Kombinat durch konkrete Vorgaben und Zielstellungen an die Forschungs- und Entwicklungseinrichtungen geleitet. Ausgehend von der Aufnahme der Forschungsthemen über die Verteidigung der einzelnen Stufen des Planes 'Wissenschaft' und 'Technik' bis zur Übergabe an die Produktionsbereiche werden die Belange des Umweltschutzes und des effizientesten Rohstoffeinsatzes als grundlegende Forderung durchgesetzt.

Bei der Durchführung von Investitionen und Generalreparaturen steht z. B. im Fotochemischen Kombinat Wolfen ebenfalls die Ökonomie im Zusammenhang mit ökologischen Forderungen im Vordergrund. Jede Investition, aber auch jede Generalreparatur muß zur Verbesserung der Effektivität des Kombinates beitragen und gleichzeitig die Arbeits- und Lebensbedingungen der Werktätigen spürbar verbessern sowie zur Umweltentlastung beitragen.

Einen wesentlichen Einfluß auf den effizienten Rohstoffeinsatz bei gleichzeitiger Wirkung auf die Umwelt haben die produzierenden Bereiche eines Kombinates bzw. Betriebes.

An erster Stelle steht hierbei die strikte Einhaltung des technologischen Regimes. Die Erfahrungen in der Produktion zeigen, daß jede Abweichung davon zu erhöhtem Rohstoffverbrauch bis hin zu Fehlchargen und daraus resultierend zu erhöhten Umweltbelastungen führt.

Über die Einhaltung der Qualitätsparameter wird ebenfalls unmittelbar Einfluß auf den Rohstoffeinsatz und damit auf die Umweltbelastungen genommmen. Höhere Qualität, längere Nutzungsdauer der Produkte und fehlerfreie Arbeit sind ein entscheidender Beitrag zur Senkung des Rohstoff- und Materialverbrauchs. In diesem Zusammenhang nimmt in dem hier als Beispiel angeführten Fotochemischen Kombinat die Einflußnahme auf die Ausbeuteverbesserung eine zentrale Stellung ein. Nach dem Prinzip der Qualitätsketten werden die einzelnen Erzeugnisse in allen Produktionsstufen nach Qualitätsparametern überwacht, um zu gewährleisten, daß bei Abweichungen rechtzeitig die notwendigen Maßnahmen zur Einhaltung der Parameter eingeleitet werden können.

Ziel aller dieser Maßnahmen ist es, neben einer Kostensenkung in der Produktion den Rohstoffverbrauch und damit die Umweltbelastung entscheidend zu senken.

Besondere Probleme bestehen meist bei noch vorhandenen Altanlagen, deren Rekonstruktion und Modernisierung nicht im erforderlichen Umfang vollzogen werden konnte. Der teilweise hohe Verschleißgrad derartiger Anlagen führt zu erhöhten Umweltbelastungen bei z. T. wesentlich erhöhten Kosten durch Rohstoffverluste, hohen Energieverbrauch, Qualitätsverluste und staatliche Sanktionen.

Literaturverzeichnis

Autorenkollektiv: Abproduktarme und abproduktfreie Technologie, Leipzig 1988

Garbe, E./Graichen, D.: Sekundärrohstoffe - Begriffe, Fakten, Perspektiven, Berlin 1986

Garbe, E./Graichen, D.: Aufgaben der Kombinate bei der Herausbildung und ständigen Vervollkommnung volkswirtschaftlicher Stoffkreisläufe, in: Wirtschaftswissenschaft, 34. Jg., 1986, Heft 5, S. 665ff. (zitiert als 1986 I)

Garbe, E./Salomon, D.: Recyclinggerechtes Konstruieren - Erfordernis moderner Produktgestaltung, in: VDI-Z Entwicklung/Konstruktion/Produktion 131, 1989, Heft 4, S. 79-83

o. V.: Verordnung zur umfassenden Nutzung von Sekundärrohstoffen vom 11.12.1980, in: GBl. I/1981, S. 23

o. V.: Verordnung über die Arbeit mit Normen und Normativen des Materialverbrauchs und der Vorratshaltung vom 01.07.1982, in: GBl. I/1982, S. 515

o. V.: Verordnung über den Erneuerungspaß und das Pflichtenheft vom 11.09.1986, in: GBl. I/1986, Nr. 30, S. 409ff.

TGL 45698/02: Abproduktarme und abproduktfreie Technologie

Werner, D.: Nutzung von Rechnungsführung und Statistik zur Beherrschung der Abprodukten- und Sekundärrohstoffwirtschaft (Dissertation A), Merseburg 1986

Die Berücksichtigung ökologischer Erfordernisse im Innovationsprozeß in der chemischen Industrie

Wolfgang Katzer

Lassen Sie mich mit einem Goethe-Zitat (Faust II, Vers 11559 -11562) beginnen:

> "Ein Sumpf zieht am Gebirge hin,
> verpestet alles schon Errungene;
> den faulen Pfuhl auch abzuziehn,
> das letzte wär' das Höchsterrungene."

Goethe befaßt sich hier mit einem natürlichen ökologischen Problem. Wir dagegen haben ökologische Probleme zu lösen, die durch Menschen hervorgerufen wurden und werden und auch in Zukunft nicht auszuschließen sind. Wir müssen uns mit einem 'Sumpf' beschäftigen, der bereits die ganze Erde überzieht.

Aus der Vielzahl der bestehenden Probleme habe ich für diesen Vortrag solche ausgewählt, die mich in der nächsten Zeit beschäftigen werden. Ich kann leider nicht über Resultate einer langjährigen Forschungsarbeit sprechen, wohl aber über Ausgangspunkte und nächste Aufgaben.

Zunächst zu einigen Arbeitsdefinitionen: Der *Innovationsprozeß* wird auf die Einführung bisher im Produktionshauptprozeß nicht bekannter oder nicht genutzter Wirkprinzipien, Verfahren und Ausrüstungen eingeschränkt. Ich betrachte z. B. die menschliche Arbeit, Hilfsprozesse, die Organisation und Information für diesen Vortrag nicht als Gegenstand.

Ökologische Erfordernisse sollen als berücksichtigt gelten, wenn durch die Prozeßgestaltung ökologische Systeme nicht negativ beeinflußt werden.

Der Begriff *Ökologisierung* soll anzeigen, daß zukünftig in einem Prozeß ökologische Forderungen erfüllt werden, in dem dies vorher nicht der Fall war.

1. Zum Innovationsprozeß

Die Elemente des von mir betrachteten Innovationsprozesses sind in Abb. 1 dargestellt. Im einfachsten Fall, wenn nur ein Material, eine Anlage und ein Produkt betrachtet wird, sind bereits acht Varianten (2^3) der Veränderung möglich. In der Regel tritt dieser einfachste Fall kaum auf, die Wirklichkeit ist viel komplexer (mehr Elemente) und viel komplizierter (mehr Kopplungen zwischen den Elementen).

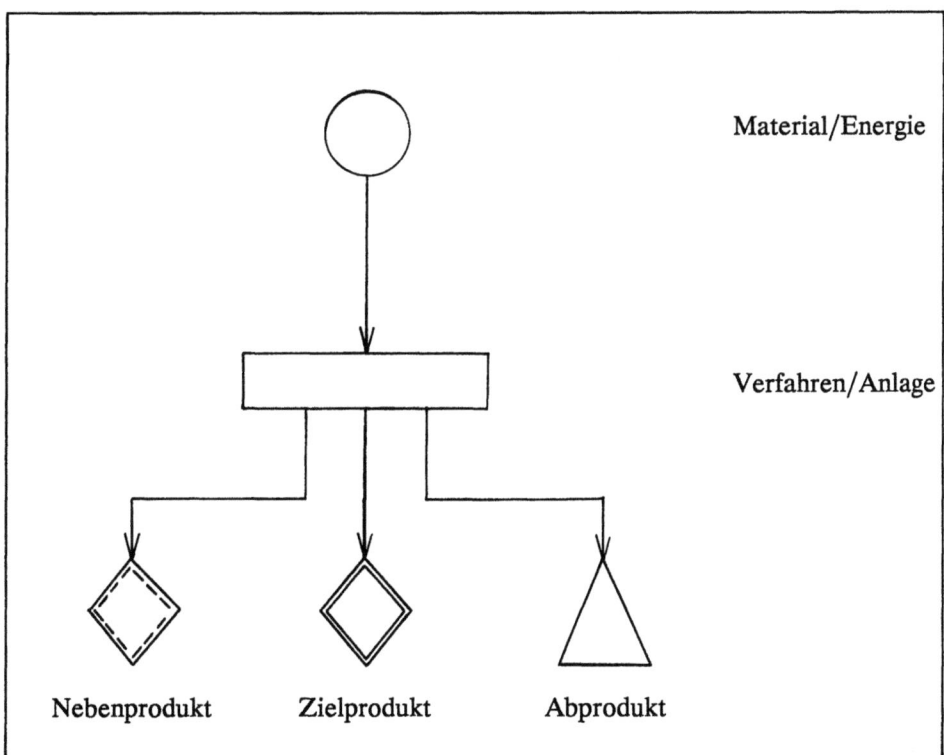

Abb. 1: Elemente des Innovationsprozesses

Außerdem gibt es Zwischenstufen zwischen 'neu' und 'alt'. Die *komplexe Innovation* ist äußerst selten, die *partielle Innovation* der Normalfall. Aber die *innovative Modifikation* eines bestehenden Systems soll ebenfalls in die Betrachtung einbezogen werden (vgl. Bild 2).

Element		Variation	
Material	n	n a a n n a	a
Verfahren/Anlage	n	n n n a a a	a
Produkt	n	a n a n a n	a
Form	komplexe Innovation	partielle Innovation	innovative Modifikation
n = neu a = alt			

Abb. 2: Formen der Innovation (vereinfacht)

2. Zu ausgewählten ökologischen Erfordernissen

Die ökologischen Erfordernisse sind sehr vielfältig. Nennen möchte ich zunächst

- die Erreichung maximaler Materialausbeuten,
- die Reduzierung von Emissionen,
- die Entwicklung recyclinggerechter Produkte und
- die Wandlung von z. Z. nicht verarbeitbaren Schadstoffen in gefahrlos deponierbare Produkte.

Ein Teil dieser und weitere von uns erkannte Erfordernisse sind in Abb. 3 aufgeführt und den Charakteristika eines qualitativen Wachstums nach Kreikebaum (vgl. Kreikebaum 1988, S. 110) gegenübergestellt.

Es ist deutlich zu erkennen, daß hier eine gute Übereinstimmung der Auffassungen besteht. Was die Entkopplung von Wachstum und Energieverbrauch betrifft, so ist das in der DDR weitgehend gelungen. Mehr als ein Jahrzehnt ist die verarbeitete Erdöl-

Ausgewählte ökologische Erfordernisse im Innovationsprozeß der chemischen Industrie	Qualitatives Wachstum nach Kreikebaum
- Maximierung der Material- und Energieausbeute (Einheit von Stoff- und Energiewirtschaft)	1. Rohstoff- und energiesparende, emissionsarme Produktion
- Minimierung der Abprodukte - Minimierung toxischer Zwischenprodukte - Minimierung der Verschmutzung der Hilfsmaterialien - Minimierung des Energieverbrauches pro Mengeneinheit des Zielprodukts	2. Umweltfreundliche Technologien (integrierter Umweltschutz)
	3. Technologien zur Beseitigung von Umweltschäden
- Kreislauf- bzw. Rückführschaltungen - Hohe Selektivität der Prozesse	4. Rezyklierung und aktiver Umweltschutz
- Erneuerung und Rekonstruktion vor extensiver Erweiterung	5. Vermeidung der Übernutzung der Erde
- Ausgleich von Kapazitätsengpässen durch Senkung des Materialverbrauchs in Folgestufen	6. Energie- und ressourcensparende Investitionspolitik
- Verlängerung der Nutzungsdauer - Wachstum bei absoluter Senkung des Primärenergieverbrauchs	7. Entkopplung von Wachstum und Energieverbrauch

Abb. 3: Ökologische Erfordernisse und qualitatives Wachstum

menge konstant geblieben, und auch auf vielen anderen Gebieten ist die Senkung des spezifischen Material- und Energieverbrauches zur Bedingung des Wirtschaftwachstums geworden.

Kreikebaum ist auch zuzustimmen, wenn er schreibt, daß Ökonomie und Ökologie keine unaufhebbaren Gegensätze bilden (Kreikebaum 1988, S. 20). Es gilt wohl langfristig allgemein, daß die Berücksichtigung der ökologischen Erfordernisse zur *Bedingung weiteren Wirtschaftswachstums* wird, weil

(1) die Gratisleistungen der Natur gefährdet sind,
(2) die Verfügbarkeit von Rohstoffen nicht unbegrenzt ist und
(3) das Nichtbeachten der ökologischen Erfordernisse zu ökonomischen Verlusten in der Gesellschaft führt.

In diesem Zusammenhang sei erwähnt, daß die von Kreikebaum beschriebene 'Raumschiffökonomie' (vgl. Kreikebaum 1988, S. 129 ff.) auch sehr gut durch ein Engels-Zitat unterstrichen werden könnte:

"Schmeicheln wir uns ... nicht zu sehr mit unseren menschlichen Siegen über die Natur. Für jeden solchen Sieg rächt sie sich an uns. Jeder hat in erster Linie zwar die Folgen, auf die wir gerechnet, aber in zweiter und dritter Linie hat er ganz andere, unvorhergesehene Wirkungen, die nur zu oft jene ersten Folgen wieder aufheben ... . Und so werden wir bei jedem ersten Schritt daran erinnert, daß wir keineswegs die Natur beherrschen, ... sondern wir mit Fleisch und Blut ihr angehören und mitten in ihr stehen ..." (Engels 1962, S. 452 f.).

3. Zu den Bedingungen für die Berücksichtigung ökologischer Erfordernisse

Die allgemeinen Bedingungen möchte ich in vier Gruppen zusammenfassen und für das eingegrenzte Gebiet Beispiele anführen.

(1) Das *Ausmaß des Wissens* über die Konsequenzen des wissenschaftlich-technischen Fortschrittes für die ökologischen Systeme, z. B. das Wissen des einzelnen Forschers über die Umweltschädigungen speziell chemischer Substanzen.

(2) Das Umweltbewußtsein, ausgedrückt durch

- die gesellschaftliche, kollektive und individuelle *ethische* Bewertung von Handlungen, die zu Umweltschäden führen, z. B. das Umweltklima im

Betrieb, d. h. ob die konsequente Berücksichtigung als 'ehrenwert' gilt oder seine Vertreter als 'Spinner' angesehen werden;

- die Existenz *rechtlicher* Regelungen mit strafrechtlicher Verantwortlichkeit, z. B. die Umsetzung der rechtlichen Regelungen bis zu den Konsequenzen für den Einzelnen hinsichtlich Lohn und Prämie;

- die *ökonomische* Bewertung der ökologischen Elemente Luft, Wasser, Boden durch Preise und Steuern, z. B. die betriebsinterne Wertung der noch steuerfreien und kostenlosen Ressourcen.

(3) Die *Wertekonzeption* der Gesellschaft - Präferenzen in der Bedürfnisbefriedigung, z. B. Präferenzbildung im Betrieb, ähnlich wie in der Gesellschaft (in der DDR hat bekanntlich das Wohnungsbauprogramm den ersten Platz).

(4) Die ökonomischen Möglichkeiten in Abhängigkeit vom Nationalreichtum und der Produktivität, z. B. ermöglicht nur ein bestimmtes Niveau der Gesamteffektivität nachträglichen additiven Umweltschutz in einem erheblichen Maße und gewährleistet ein hohes Tempo der Erneuerung, die zumindest teilweise zu integriertem Umweltschutz führt.

4. Zu abproduktarmen und abproduktfreien Technologien (AAFT)

Diese Technologien (low-waste and non-waste technologies) stellen einen Hauptweg dar, um ökologische Erfordernisse im Innovationsprozeß der chemischen Industrie zu berücksichtigen. Sie bilden eine *Form des integrierten Umweltschutzes*. Wesentliche Charakeristika abproduktarmer Technologien (vgl. Schubert 1987, S. 45 ff.) sind

(1) die optimale Realisierung der chemischen Reaktion,
(2) die Auswahl von solchen Grundoperationen und Grundprozessen, die charakterisiert sind durch
- minimalen Materialverlust aller Komponenten,
- minimale Verschmutzung des Hilfsmaterials,
- minimalen spezifischen Energieverbrauch und
- maximale Nutzung der Abenergie;
(3) die Auswahl vorteilhafter Schaltungsvarianten, wie die Rückführschaltung (vgl. Abb. 4).

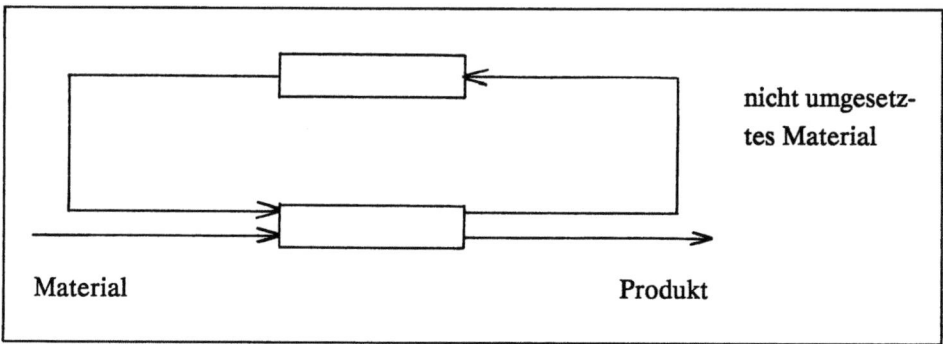

Abb. 4: Rückführschaltung

Forderungen nach derartigen Technologien wurden bereits von Marx erhoben, der schrieb: "Von dieser Ökonomie der Exkremente der Produktion, durch ihre Wiederbenutzung, ist zu unterscheiden die Ökonomie bei der Erzeugung von Abfall, also die Reduktion der Produktionsexkremente auf ihr Minimum, und die unmittelbare Vernutzung, bis zum Maximum, aller in die Produktion eingehenden Roh- und Hilfsstoffe" (Marx 1964, S. 112).

Wissenschaftlich-technische und ökonomische Voraussetzungen für abproduktarme Technologien in der chemischen Industrie sind nach Schubert (vgl. Schubert 1987, S. 128 ff.) für die Produktion von Ammoniak, Salpetersäure, Schwefelsäure, Phosphordüngemitteln, Chlor und Ätznatron, Thermoplasten, Synthesefasern und Pflanzenschutz- und Schädlingsbekämpfungsmitteln sowie in der Erdölverarbeitung und Petrolchemie gegeben. Dagegen sind die Voraussetzungen für die Produktion von Carbid, Phosphorsäure, anorganischen Pigmenten, Stickstoffdüngemitteln, Soda, Elasten, Viskosefasern, organischen Farbstoffen sowie in der Kohleveredlung und Carbochemie noch nicht vorhanden.

Einen wesentlichen Beitrag zur Herausbildung von AAFT können *katalytische Prozesse* leisten, deren ökologische Hauptwirkungen vereinfacht in Abb. 5 dargestellt sind.

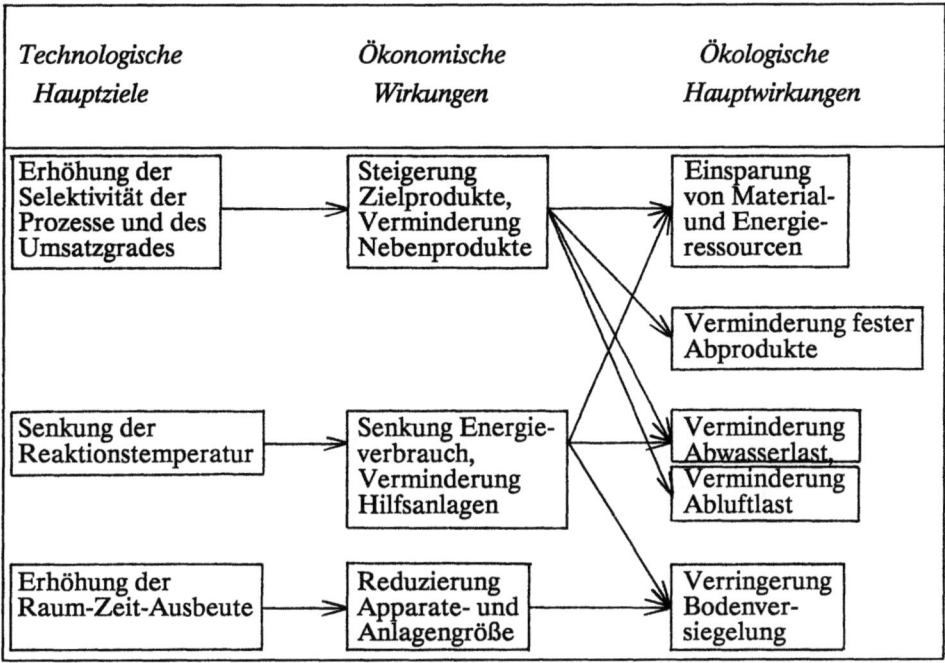

Abb. 5: Beitrag katalytischer Prozesse zur Ressourcenschonung und Verminderung der Umweltbelastung

5. Zu den Chancen der Ökologisierung in Abhängigkeit vom Typ und der Phase der Innovation

Die Chancen der Ökologisierung sind stark vom Typ und der Phase der Innovation abhängig. Abb. 6 soll zeigen, daß Chancen für vollständig integrierten Umweltschutz wohl nur bei der Anwendung neuer *Wirkprinzipien* bzw. bei kompletten Neuentwicklungen bestehen. Bei rekonstruierten Anlagen sind gewisse Chancen vorhanden, für Teile des Verfahrens und der Anlage integrierte Lösungen zu erreichen. Damit sind mögliche qualitative Veränderungen angezeigt, die natürlich anzustreben sind. Hinsichtlich quantitativer Verbesserungen sind aber Optimierungen der Reaktionsparameter in alten Anlagen nicht zu unterschätzen. Hier sind im Zusammenhang mit Prozeßanalysen in der DDR gute Erfolge erzielt worden.

Charakteristik der Innovation		Charakterisierung der Ökologisierung		
bezüglich Anlage	bezüglich Verfahren	Umfang	Weg	Wesen
neue Anlage	neues Wirkprinzip	sehr groß	qualitativ	integriert
	Neuentwicklung/ bekannte Wirkprinzipien	groß	qualitativ, quantitativ	integriert
rekonstruierte Anlage mit Aus- und Einbauten	Optimierung der bestehenden Prozesse mit zusätzlichen Prozessen	groß - mittel	teilweise qualitativ, quantitativ	teilweise integriert, additiv
modernisierte bestehende Anlage	Modifikation bestehender Prozesse	mittel - klein	selten qualitativ, quantitativ	teilweise additiv
bestehende Anlage ohne Veränderung	Optimierung der Reaktionsparameter (neue Katalysatoren)	verschieden	nur quantitativ	ohne Veränderung

Abb. 6: Möglichkeiten der Ökologisierung in Abhängigkeit von der Form der Innovation

Aus Abb. 7 ist zu ersehen, daß die Möglichkeiten vor allem in den *frühen Phasen* der Forschung und Entwicklung liegen. Integrierter Umweltschutz ist wohl nur erreichbar, wenn die ökologischen Erfordernisse bereits in den ersten Prinziplösungen berücksichtigt werden. Es ist allerdings auch zu bedenken, daß neben den ökologischen Zielen auch eine Vielzahl anderer Ziele beachtet werden müssen.

6. Zum Verhältnis ökologischer und anderer Ziele im Innovationsprozeß

Das Problem der Zielkongruenz hat Kreikebaum (vgl. Kreikebaum 1988, S. 103) schematisch dargestellt. Die von ihm genannten drei Zielgruppen (ökologische, öko-

Charakteristik der Phase		Charakteristik der Ökologisierung		
Bezeichnung	Aktivitäten	Umfang	Weg	Wesen
Chemische Forschung und Entwicklung	Erarbeitung des Reaktionsablaufes, erste Festlegung der Parameter	sehr groß	qualitativ	integriert
Technologische Forschung und Entwicklung	Optimierung der Reaktion und des Energieflusses, Auswahl und Auslegung der Apparate incl. Vor- und Nachbehandlung	groß	qualitativ und quantitativ	Entscheidung: integriert oder additiv
Projektierung	Optimierung in Abhängigkeit der Standortbedingungen, Werkstoffauswahl	klein	nur graduell	ohne Einfluß
Anlagenbau	Bau und Montage	sehr klein	nur graduell	ohne Einfluß
Inbetriebnahme, Dauerbetrieb	Optimierung unter tatsächlichen Bedingungen mit verschiedenen Zielen - höchste Produktion/Qualität - niedrigster Verbrauch	klein	nur graduell	ohne Einfluß

Abb. 7: Möglichkeiten der Ökologisierung in Abhängigkeit von der Phase der Innovation

nomische und technologische) möchte ich bezeichnen als

- technologische Funktionsfähigkeit,
- ökonomische Vorteilhaftigkeit und
- ökologische Verträglichkeit.

Vom Verfahrens- und Apparatetechniker sind aber eine Fülle weiterer qualitativer Anforderungen zu beachten, von denen einige in Abb. 8 aufgeführt sind und hinsichtlich ihrer Kongruenz mit ökologischen Zielen untersucht wurden.

Qualitative Anforderungen an chemische Prozesse und Anlagen und ökologische Ziele				
prozeßbezogen:			*anlagenbezogen:*	
bediengerecht	*		herstellungsgerecht	*
regelungsgerecht	**		montagegerecht	*
kontrollgerecht	*		instandhaltungsgerecht	**
toleranzgerecht	**		komplettierbar	*
materialsparend	**		modernisierbar	**
energiesparend	**		rekonstruktionsgerecht	**
arbeitssparend	-		systemgerecht	**
gefährdungsarm	**		integrierbar	*
anfahrgerecht	**		geräuscharm	**
einsträngig	+ +			
maximale Apparategröße	+ +			
umgebungsbezogen:				
marktgerecht	*		lieferbar	-
standortgerecht	*		entsorgbar	**
risikoarm	*			
**	kongruent			
*	teilkongruent (bzw. indirekt)			
+ +	konkurrierend			
-	beziehungslos			

Abb. 8: Kongruenz und Konkurrenz von ökologischen, ökonomischen und technologischen Zielen

Bei der Entwicklung chemischer Verfahren und Anlagen sind alle genannten Ziele und Anforderungen in einem stark arbeitsteiligen Prozeß zu koordinieren. Eine wesentliche Frage ist die Lösung des *Rang- und Reihenfolgenproblems*, d. h., ob die Berücksichtigung der Einzelziele

- gleichberechtigt oder subordiniert bzw.
- sukzessiv oder simultan erfolgt.

Bezüglich der drei generellen Ziele ist festzustellen, daß die technologische Funktionsfähigkeit die Voraussetzung für den erfolgreichen Abschluß des Vorhabens ist und demzufolge ständig beobachtet werden muß. Über die Einführung entscheidet aber letztlich die Erfüllung der ökonomischen Zielstellung.

Wie bereits gesagt, ist die ökologische Zielstellung von Anfang an zu berücksichtigen, wenn integrierter Umweltschutz erreicht werden soll.

Wenn eine integrierte Lösung naturwissenschaftlich-technisch noch nicht möglich ist, sind in der Regel additive Schutzmaßnahmen erforderlich, die

(1)   zusätzliche Investitions- und Betriebskosten verursachen,
(2)   zusätzlichen Platz und Raum beanspruchen und
(3)   zusätzliche Nebenprodukte oder andere Abprodukte zur Folge haben.

Außerdem besteht die Gefahr, daß additive Schutzmaßnahmen in der Entscheidungsfindung reduziert, verschoben oder - je nach der Gesetzeslage - sogar gestrichen werden.

Deshalb sind die ökologischen Erfordernisse gleichberechtigt und simultan zu berücksichtigen. Befriedigende Lösungen sind nur in iterativer Arbeit mit laufender oder periodischer Bewertung der Zwischenlösungen zu finden.

7. Zur Durchsetzung der ökologischen Erfordernisse im Betrieb

Da ein Betrieb vom Wesen her ökonomisch geprägt ist, bestehen die besten Erfolgsaussichten, wenn die ökologischen Erfordernisse ökonomisch durchgesetzt werden können. Das erfordert die *monetäre Bewertung* der ökologischen Faktoren. Diese ist bisher nicht umfassend gegeben.

Meines Erachtens sollte man bei der Bewertung großzügiger verfahren, auch wenn keine objektive Bewertungsbasis existiert. So sind mir für die Tabak- und Branntweinsteuer objektive Maßstäbe auch nicht bekannt. Beispielsweise könnten Luft und Wasser besteuert werden, die als Verbrauchsgrößen gemessen werden bzw. leicht berechenbar sind. Das Erreichen besonders günstiger ökologischer Werte könnte dagegen vom Staat stimuliert werden, wobei der Betrieb Nachweise erbringen muß. Damit wäre es möglich, Kontroll- und Inspektionsorgane relativ klein zu halten.

Solange eine durchgängige monetäre Bewertung nicht vorliegt, müssen die ökologischen Erfordernisse als *Nebenbedingungen* in die Nutzens- oder Effektivitätsoptimierung eingehen.

Es ist eine wesentliche Aufgabe, für die verschiedenen Innovationsprozesse adäquate Bewertungsmethoden zu finden, die die Entscheidungsfindung auf den Ebenen der Betriebsleitung, der Leiter der Forschungs- und Entwicklungskollektive und der einzelnen Ingenieure wirksam ökonomisch *und* ökologisch beeinflussen. Durch die Bewertung, die selbst Aufwand verursacht, muß die naturwissenschaftlich-technische Forschung und Entwicklung so gelenkt werden, daß naturwissenschaftlich-technische oder gar andere Lösungen gefunden werden, die ökonomisch vorteilhafter und ökologisch verträglicher sind.

Wenn Bewertungsmethoden nicht vorhanden oder zu aufwendig sind, ist zumindest die Einhaltung ökologischer Erfordernisse an Hand von Checklisten zu prüfen. Dazu sind vorhandene *Checklisten* (vgl. Kreikebaum 1988, S. 122 f.) aufgabenspezifisch zu ergänzen (vgl. Abb. 9).

In *betrieblichen Organisationsanweisungen* sind in den Chemiebetrieben der DDR die umfangreichen gesetzlichen Regelungen betriebsspezifisch umgesetzt. Das betrifft besonders die Phase der Investitionen. Es ist aber inzwischen auch üblich geworden, daß sich Forscher und Entwickler in frühen Stadien an die Abteilung Umweltschutz oder die entsprechenden Beauftragten wenden, damit die Überleitung ihrer Forschungs- und Entwicklungsergebnisse nicht durch spätere Einsprüche der Umweltschutzbeauftragten bzw. staatlicher Organe gefährdet werden.

Ein Beispiel aus meiner betrieblichen Praxis soll aber auch noch anzutreffende *Verhaltensweisen* verdeutlichen. Voll Begeisterung erzählte mir ein Chemiker, daß sein neues Verfahren zur Herstellung eines organischen Spezialproduktes zu der großartigen Materialausbeute von 86% führte. Da dieses bereits in einer Pilotanlage für den Markt produziert wurde, konnte ich die Materialverbrauchsnormen im betrieblichen Normenkatalog finden. Zu meinem Erstaunen mußte ich feststellen, daß in diesem Verfahren für 1 t Zielprodukt 7 t Material benötigt wurden, also die Materialausbeute bei 14% lag. Wie waren diese unterschiedlichen Aussagen möglich? Der Chemiker rechnete nur das essentielle Material. Der Verbrauch von u. a. ca. 2 t Schwefelsäure und ca. 2 t Natronlauge pro t Zielprodukt störte ihn nicht. Für ihn war das relativ wertlose Substanz. Ihm war nicht bewußt, daß im Endeffekt 6 t Salz pro t Zielprodukt in das Abwasser gelangten und damit in die Umwelt emittiert wurden, denn im Labor

Erfordernisse	*Ökologische Bedeutung*	*besondere Bedeutung*			
		1	2	3	4
insbesondere prozeßbezogen:					
- hohe Selektivität - geringer Hilfsstoffverbrauch	Abproduktenminimierung und Ressourcenschonung	x			
- geschlossene Systeme	- Energieeinsparung	x			
- geringe Hilfsstoffverschmutzung	- Energieeinsparung Senkung der Luft/Abwasserlast	x	x	x	x
- ungefährliche Zwischenprodukte	- Abbau der Gefährdung im Störfall		x	x	x
insbesondere anlagenbezogen:					
- hohe Dichtigkeit	- Senkung der Abproduktlast	x			
- lange Instandhaltungszyklen	- Senkung der An- und Abfahrprodukte sowie der Reinigungsverluste		x	x	
- Warnsysteme - Schutzsysteme - Auffangsysteme	Verminderung der Havariegefährdung, Luft-, Boden-, Gewässerschutz		x	x	x
1 normaler Betriebszustand 2 An- und Abfahrvorgänge	3 Instandhaltung 4 Betriebsstörung, Havarie				

Abb. 9: Ergänzung der ökologischen Checkliste für chemische Innovationen

sind das doch kleine ungefährliche Mengen, die üblicherweise in den 'Ausguß' kommen.

Es muß leider festgestellt werden, daß die Umweltverschmutzung für eine zu lange Zeit eine schlechte Gewohnheit, ein Kavaliersdelikt, war. Der Kampf gegen schlechte Gewohnheiten war schon immer ein großes Problem. Lassen sie mich zum Schluß meines Vortrages zur deutschen Klassik zurückkehren, diesmal zu Schiller (Wallenstein II, 1. Aufzug, 4. Auftritt), der Wallenstein sagen läßt:

"Denn aus Gemeinem ist der Mensch gemacht.
Und die Gewohnheit nennt er seine Amme.
Weh dem, der an den würdig alten Hausrat rührt,
das teure Erbstück seiner Ahnen."

Literaturverzeichnis

Engels, F.: Dialektik der Natur, in: Marx, K./Engels, F.: Werke, Bd. 20, Berlin 1962

Kreikebaum, H.: Kehrtwende zur Zukunft, Neuhausen-Stuttgart 1988

Marx, K.: Das Kapital Bd. 3, in Marx, K./Engels, F.: Werke, Bd. 25, Berlin 1964

Schubert, M. (Hrsg.): Abproduktarme und abproduktfreie Technologien, Leipzig 1987

Umweltschutz als integrierte Aufgabe in Betrieben des Schwermaschinen- und Anlagenbaus

Wolfgang Streetz

1. Umweltschutz in der Deutschen Demokratischen Republik

Eingeordnet in die Wirtschafts- und Sozialpolitik der DDR nimmt die Lösung von Problemen des Umweltschutzes eine immer zentralere Stellung ein.

Analog den Aussagen im 'Brundtlandtbericht' der Weltkommision für Umwelt und Entwicklung (vgl. o. V. 1988) werden Umweltfragen sehr komplex und vor allem als soziale Probleme angesehen. Dabei ist die Bewältigung der vielfältigen Aufgaben und Probleme nur sehr differenziert und schrittweise zu erreichen. Wichtig ist jedoch, daß die Beachtung der Umweltproblematik nicht nur Beseitigung im Nachhinein heißt, sondern integrierte Aufgaben- und Zielstellung bei allen wirtschaftlichen und sozialen Prozessen ist.

In der DDR konnten in den letzten Jahren vor allem durch die höhere Verwertung von Abprodukten (Abfällen) und Sekundärrohstoffen und die Senkung des Produktionsverbrauches wichtige Ergebnisse erzielt werden. So beträgt z. B. der Grad der Rückführung der industriellen Abprodukte und Sekundärrohstoffe 40% in 1988 gegenüber 20% in 1975; der Verbrauch an Roh- und Werkstoffen ist seit 1975 auf 96% gesunken; die Abwasserlast konnte von 1980-88 um 30% gesenkt werden.

2. Aufgaben in Betrieben des Schwermaschinen- und Anlagenbaus

Die Maßnahmen des Umweltschutzes konzentrieren sich in den Betrieben auf zwei Schwerpunkte:

(1) Berücksichtigung von Erfordernissen des Umweltschutzes bei der Konzipierung und Konstruktion von Maschinen und Anlagen im Sinne der Vorsorge;

(2) Gestaltung komplexer Abproduktenentsorgungssysteme.

Abb. 1 gibt eine Übersicht zu den Aufgaben der Ökologisierung im Maschinenbaubetrieb (vgl. Ristow 1989).

In den Betrieben überwiegen gegenwärtig Maßnahmen zur Abproduktenentsorgung. Im allgemeinen erfolgt die Entsorgung durch Aufbereitung, damit werden zugleich Entlastungen der Biosphäre erreicht und sekundärrohstoffwirtschaftliche Anforderungen erfüllt.

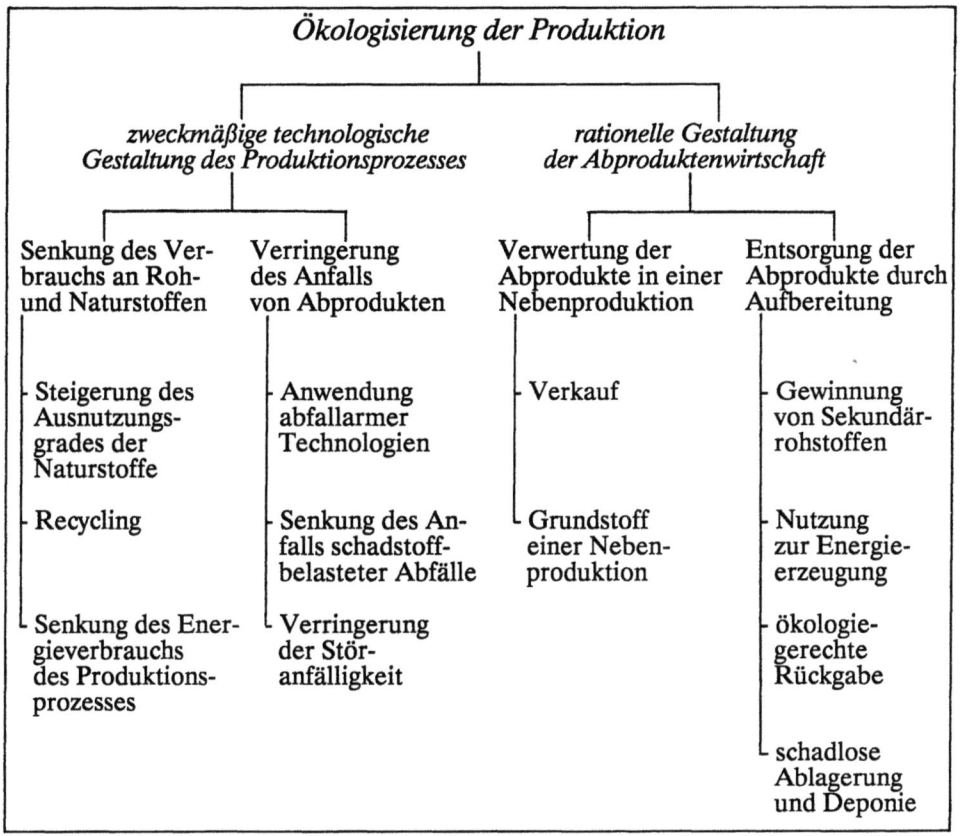

Abb. 1: Ökologisierung der Produktion

Die in der DDR gültigen gesetzlichen Vorschriften haben zunehmend Einfluß auf die anlagentechnische Gestaltung der Entsorgung. Wesentliche rechtliche Regelungen des Umweltschutzes sind das Landeskulturgesetz, die Sekundärrohstoffverordnung und Auflagen staatlicher Umweltschutzorgane. Dabei gilt gegenwärtig der Maßstab: *so schadstofffrei wie nötig.* Wichtig ist in diesem Zusammenhang die Einschätzung aus der Sicht der Gesamtlage der Schadstoffbelastung im Territorium bzw. in der Region.

Maßnahmen der Abproduktenbeseitigung sind in der Regel mit Investitionsaufwendungen verbunden. Es können aus grundfondswirtschaftlicher Sicht folgende vier Aufgaben formuliert werden:

(1) Reduzierung des Abproduktenanfalls; dies ist in der Regel mit Zusatzinvestitionen verbunden;

(2) Übergabe der Abprodukte an territoriale Entsorgungssysteme; dadurch entsteht meist nur geringer Einbindungsaufwand;

(3) Abtransport unaufbereiteter Abprodukte erfordert oft Investitionen, z. B. zur Sammlung, Lagerung und der Verladung von Altöl;

(4) ökologisch und sekundärrohstoffwirtschaftliche komplexe Aufbereitung.

Das Ziel besteht darin, die Naturstoffe umweltschutzgerecht an die Biosphäre zu übergeben. Wirtschaftlich sind diese Maßnahmen dann, wenn Abprodukte massenhaft anfallen, eine zweckmäßige Aufbereitungstechnik zur Verfügung steht bzw. der wissenschaftliche Vorlauf hierfür gegeben ist. Im Maschinenbau lohnen sich nur territoriale (regionale) Gemeinschaftsanlagen, da sie sonst unwirtschaftlich sind.

Die umweltschutzgerechte Gestaltung der Abproduktenentsorgung im Maschinenbau ist nur strategisch zu lösen. Die hierfür zweckmäßigen methodischen Schritte sind in Abb. 2 dargestellt.

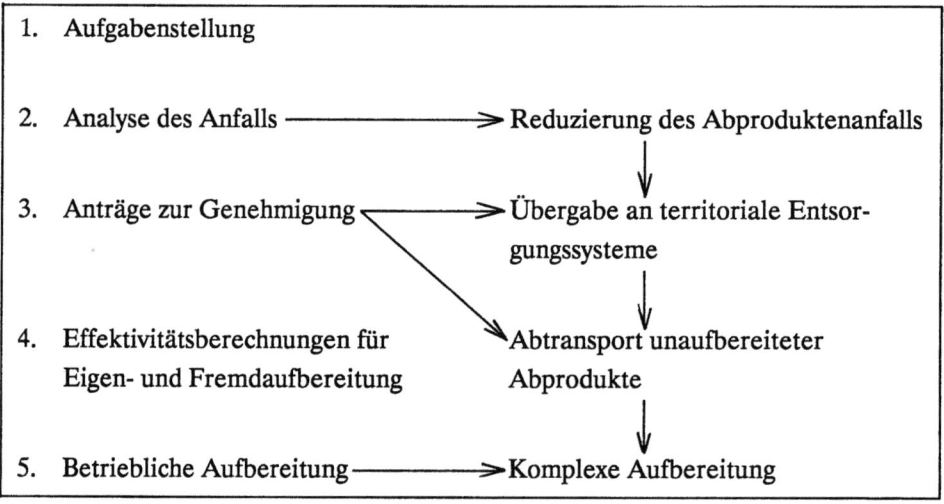

Abb. 2: Gestaltung der Abproduktenentsorgung

Es setzt sich in der DDR immer stärker die Tendenz durch, Umweltschutzmaßnahmen integriert zu begreifen und sie in die Wachstumsüberlegungen einzuordnen.

Auf der Ebene der Kombinate gibt es den Beauftragten des Generaldirektors für den Umweltschutz. Dessen Arbeitsweise sei am Beispiel des Magdeburger Kombinates 'Dieselmotoren' verdeutlicht:

Auf der Grundlage von Verfügungen des Ministers für Schwermaschinen- und Anlagenbau wurde eine langfristige Konzeption zur Verwertung industrieller Abprodukte erarbeitet. Diese ist jährlich zu ergänzen und zu präzisieren, sie wird jährlich abgerechnet und durch den Beauftragen für Umweltschutz koordiniert. Grundlage dazu ist der Planteil 'Umweltschutz' des Betriebsplanes.

In der Konzeption sind alle Abprodukte kontrolliert erfaßt, Verwertungslösungen bis zum Jahre 2000 werden planmäßig erarbeitet, bei Neuentwicklungen von Erzeugnissen und Technologien ist die Zustimmung des Beauftragten erforderlich.

Im Kombinat sind z. B. 52 Abprodukte erfaßt, davon werden 31 verwertet, 17 deponiert oder schadlos beseitigt und vier emittiert. 60% der Abprodukte sind einer Verwertung oder zumindest einer Teileverwertung zugeführt (Beispiele: Verbrennungsanlage für flüssige mineralölhaltige Abprodukte, Entsorgung verbrauchter Emulsionen, Sonderdeponie für Altformsande und Gießereischutt, Aufbereitung metallhaltiger Stäube).

3. Bewertung von Umweltschutzmaßnahmen

Die Bewertung findet nach Bormann/Naumann grundsätzlich in zwei Zielstellungsschichten statt, wobei die erste Schicht die Strategie und die zweite die Maßnahme darstellt (vgl. Bormann/Naumann 1982, S. 27-38). In Maschinenbaubetrieben sind Umweltschutzmaßnahmen sowohl in die Gesamtstrategie der Kombinate als auch in Einzelfällen in kombinatliche Umweltschutzstrategien eingeordnet.

Für Strategien und für Maßnahmen gilt ein unterschiedliches Herangehen bei der Bewertung. Es ist Kreikebaum zuzustimmen, wenn er betont, daß die Standardverfahren der Entscheidungstheorie wegen der hohen Unsicherheiten des Entscheidungsprozesses bei der Bewertung von Strategien nicht anzuwenden sind (vgl. Kreikebaum 1989, S. 56).

Forschungsarbeiten an der TU Magdeburg erbrachten folgende Merkmale der strategischen Bewertung:

- wenig strukturierte Problemfelder,
- vorwiegend qualitative Aussagen,
- defizitäre und unsichere Informationsbasis,
- langfristiger Zeithorizont,
- zweckmäßige Objektabgrenzung,
- Auswahl strategisch relevanter Bewertungskriterien.

Für die Bewertung konnte ein strategischer Bewertungsansatz erarbeitet und getestet werden, der sowohl die Spezifika der Strategiebewertung als auch die notwendige Komplexität, z. B. die Beachtung ökologischer Gesichtspunkte, berücksichtigt. Wichtig ist in diesem Zusammenhang die gesonderte Bewertung der Inhaltskomponente und der Verhaltenskomponente der Strategie (siehe Abb. 3)(vgl. Rudolph 1989).

Die Berücksichtigung ökologischer Fragestellungen muß auch schon bei der Analyse und Messung des Niveaus der materiell-technischen Basis eines Betriebes gesichert sein. Eine entsprechende Meß- und Analysemethode wird von Becker (vgl. Becker 1989) vorgestellt.

Bei der Bewertung von *Umweltschutzmaßnahmen* sind folgende Grundsätze zu beachten:

- Umweltschutzmaßnahmen sind direkt oder indirekt in die Effektivitätsberechnung einzubeziehen; sie haben im Betrieb, im Territorium und in der Volkswirtschaft eine ökonomische, eine ökologische und eine soziale Effektivitätskomponente;

- bei der Effektivitätsrechnung sind Vorsorge- und Entsorgungsmaßnahmen zu bewerten;

- Umweltmaßnahmen können nur zum Teil in Geldeinheiten bestimmt werden, das ist bei relativ schwachen Wirkungen besonders problematisch. Wichtig erscheint die ökonomische Bewertung der Naturressourcen;

- der betriebliche Aufwand zur Einhaltung von Grenzwerten muß kalkulierbares Kostenelement sein, für das Nichterreichen müssen Entgelte berechnet werden (z. B. für Schäden, Reinigungsaufwand u. a.) (vgl. Gielow/Heide 1988).

Bewertung von Strategien	
Bewertung der Inhaltskomponente der Strategie	Bewertung der Verhaltenskomponente der Strategie
Effektivität - Übereinstimmung mit dem Bedarf - Relation zum wissenschaftlich-technischen Höchststand - Übereinstimmung mit den internationalen strategischen Entwicklungslinien - Ressourcen- bzw. Potentialsicherung - soziale Wirkungen - ökologische Wirkungen	*Chancen- und Risikoniveau* - Informationsdefizit - Unbestimmtheit - Verhalten Dritter
Innovationsfähigkeit - Erzeugnisinnovationen - Verfahrens- und Technologieinnovationen - Innovationen der materiell-technischen Basis	*Strategiestruktur* - Robustizität - Linienkontinuität
Systemflexibilität - installierte Flexibilität - Flexibilität des Organisationssystems - Disponibilität der Arbeitskräfte	- Konsistenz -- Kompatibilität -- Verzahnung
Qualität *Zuverlässigkeit* *Langlebigkeit*	*Anspruchsniveau* *Konfliktakzeptanz* *strategische Flexibilität*

Abb. 3: Strategischer Bewertungsansatz

Eine Methode zur Bewertung von Verfahren für abproduktarme bzw. -freie Technologien wurde von Wotte und Lötzsch erarbeitet (vgl. Wotte/Lötzsch 1986). In Anlehnung daran wird für die Bewertung folgendes Kennzifferprogramm vorgeschlagen:

I. <u>Allgemeine ökonomische Kennziffern</u>

1. *Spezifischer Investitionsaufwand*

$$\frac{\text{einmaliger Aufwand}}{\text{ME Haupterzeugnis pro Jahr}}$$

2. *Spezifischer Verbrauch an Grund- und Hilfsmaterial*

$$\frac{\text{Verbrauch an Grund- und Hilfsmaterial}}{\text{ME Haupterzeugnis}}$$

3. *Arbeitsproduktivität*

$$\frac{\text{ME Haupterzeugnis}}{\text{Anzahl Arbeitskräfte}}$$

4. *Erzeugnisrentabilität*

$$\frac{\text{Gewinn aus dem Absatz}}{\text{ME Haupterzeugnis}}$$

II. <u>Spezifische ökonomische Kennziffern</u>

1. *Verfügbarkeit von Grund- und Hilfsmaterial*

(Importe, limitiertes Material, Abprodukte)

2. *Umweltlast des Erzeugnisses*

$$\frac{\text{ME Abprodukt/Anfallenergie/Lärm}}{\text{ME Haupterzeugnis}}$$

3. *Recyclingqualität des Erzeugnisses*

$$\frac{\text{Erlöse durch Recycling/Aufwand für Beseitigung}}{\text{ME Haupterzeugnis}}$$

4. *Nutzungsdauerverhalten des Erzeugnisses*

$$\frac{\text{Zusatzaufwand für Nutzungsdauer-Zuwachs}}{\text{ME Haupterzeugnis}}$$

III. Umweltkennziffern

1. *Spezifische Abluftbelastung*

2. *Spezifische Abwasserbelastung*

3. *Spezifische Abproduktbelastung*

4. *Lärmbelästigung*

5. *Spezifische Wärmebelastung*

6. *Arbeitsplatzbedingungen*

7. *Soziale Akzeptabilität*

Für die Bewertung wird ein Expertenkollektiv eingesetzt, das die Kennziffern ermittelt, diese nach einem bestimmten Verfahren gewichtet, eine zusammenfassende Gewichtung vornimmt und entsprechende Rangfolgen bestimmt.

Für die Effektivitätsberechnung ergeben sich gegenwärtig folgende Probleme:

- Umweltschutzmaßnahmen werden bei Investitionsentscheidungen nur erfaßt, wenn sie die Kennziffern Nettoproduktion und Nettogewinn beeinflussen, d. h. betriebswirtschaftliche Interessen und Interessen des Umweltschutzes sind oft nicht deckungsgleich (vgl. Gielow/Heide 1988).

- Bei der Modernisierung der Grundfonds (Investitionsanlagen) müssen oft Umweltprobleme aus vorangegangenen Produktionsperioden mit gelöst werden; sie führen zum Teil zu wesentlichen Aufwandserhöhungen.

- Die betriebliche Effektivitätsberechnung muß um eine komplexe Schadensbewertung erweitert werden, es fehlt z. B. eine 'pflichtgebundene Umweltverträglichkeitsprüfung' im Rahmen komplexer Investitionsentscheidungen. Diese müßten Berechnungen zum Flächenentzug, zum Stoffentzug und zu ökonomischen, sozialen und ökologischen Schadenswirkungen enthalten.

Die wissenschaftlichen Arbeiten zur Weiterentwicklung der Effektivitätsrechnung in der DDR gehen davon aus, eine *komplexere* Erfassung der Nutzenswirkungen methodisch zu sichern und qualitative und quantitative Einflußgrößen gleichwertig zu behandeln. Nur so können ökonomische, soziale und ökologische Faktoren richtig erfaßt werden. Diese Arbeiten sind mit dem Übergang von der jahresbezogenen Effektivitätsrechnung zu einer zunehmend *dynamischen* Effektivitätsrechnung verbunden, d. h. der Bewertung der Effekte über die gesamte Nutzungsdauer der Erzeugnisse bzw. Technologien. Gleichzeitig ist zu beachten, daß die immer stärker praktizierte prozeßbegleitende Effektivitätsrechnung, z. B. bei der Erarbeitung von CIM-Lösungen, die Chance bietet, im laufenden Innovationsprozeß ökonomische und ökologische Faktoren zu erkennen und zu berücksichtigen. Voraussetzung dazu ist allerdings die Einsicht der Menschen in die Notwendigkeit einer solchen Betrachtungsweise und ihr Wollen, ökologische Probleme integriert zu behandeln.

Als Betriebswirtschaftler haben wir die dringende Aufgabe, ökologische Fragen in das System der strategischen Planung und des Controlling zu integrieren, um langfristige ökonomische und ökologische Effekte zu sichern.

Literaturverzeichnis

Becker, M.: Messung des Niveaus von Fertigungsprozessen (Dissertation), Magdeburg 1989

Bormann, D./Naumann, D.: Strategien der wissenschaftlich-technischen Entwicklung, Leipzig 1982

Gielow, E./Heide, W.: Effektivitätsrechnung von umweltreproduktiven Maßnahmen, in: WZ der TU Dresden, 37. Jg., 1988, Heft 3, S. 37 ff.

Kreikebaum, H.: Strategische Unternehmensplanung, 3. Aufl., Stuttgart/Berlin/ Köln 1989

o. V.: Unsere gemeinsame Zukunft. Bericht der Weltkommision für Umwelt und Entwicklung, Berlin 1988

Ristow, B.: Methode zur Erfassung grundfondswirtschaftlicher Aufgaben bei der umweltschutzgerechten Gestaltung der Abproduktenentsorgung im Maschinenbaubetrieb, Vortrag auf der 6. Fachtagung Anlageninvestitionen 1989 der TU 'Otto von Guericke' in Magdeburg

Rudolph, P.: Ökonomische Bewertung von Strategien (Dissertation), Magdeburg 1989

Wotte, J./Lötzsch, P.: Methode zur Bewertung technologischer Verfahren vom Standpunkt der abproduktarmen und -freien Technologie, Dresden 1986

Die umweltpolitische Situation in der ehemaligen Deutschen Demokratischen Republik aus heutiger Sicht

Hartmut Kreikebaum

1. Einführung

Seit dem 3. Oktober 1990 existiert die Deutsche Demokratische Republik nicht mehr. Die fünf neuen Bundesländer wurden der bisherigen Bundesrepublik Deutschland eingegliedert. Voraus ging am 1. Juli 1990 die Wirtschafts-, Währungs- und Sozialunion mit der bisherigen DDR; die ebenfalls vorgesehene Umweltunion bedarf noch der Vollendung.

Seit dem Sturz Erich Honeckers am 18. Oktober 1989, insbesondere aber seit dem Fall der Berliner Mauer am 9. November und der Wahl Hans Modrows zum neuen Ministerpräsidenten als Nachfolger von Egon Krenz am 13. November 1989 wurden zunehmend mehr Daten über den desolaten Zustand der Umwelt in der DDR bekannt. Das ganze Ausmaß der ökologischen Misere wurde aber erst deutlich, seit sich Fachleute aus dem Westen einen ungeschminkten Eindruck von der bestehenden Umweltkrise verschaffen konnten.

In den Referaten der ehemaligen DDR-Kollegen im Juli 1989 finden sich wiederholt Hinweise auf erforderliche Maßnahmen zum Schutz der Umwelt, wenn auch in teilweise verklausulierter Form. Hingewiesen wurde nicht nur auf die vorbildlichen Gesetze zum Umweltschutz in der DDR, sondern auch auf die Notwendigkeit der praktischen Umsetzung einschlägiger Umweltschutzverordnungen sowie die bestehende Lücke zwischen Theorie und Realität eines integrierten Umweltschutzes.

Wir können heute davon ausgehen, daß das tatsächliche Ausmaß der Umweltverschmutzung in der ehemaligen DDR auch den Fachleuten nur ansatzweise bekannt war. Die vom DDR-Ministerrat am 16. 11. 1982 erlassene "Anordnung zur Sicherung des Geheimschutzes auf dem Gebiet der Umweltdaten" ist, wie wir inzwischen wissen, strikt befolgt worden. Für die rigorose Abschottung auch in diesem Bereich sorgte ein planwirtschaftliches Kommandosystem, das die wahrheitswidrige Information über die Planerfüllung von unten nach oben zum tragenden Prinzip erhob und auf diese Weise eo ipso dazu führte, die Entscheidungsträger selbst ebenfalls zu täuschen. Echte Informationen erhielten die Entscheidungsträger praktisch nur über das Ministerium für Staatssicherheit und damit auf selektiven, nur wenigen Auserwählten zugänglichen Informationskanälen.

2. Die ökologischen Folgen der Kommandowirtschaft

2.1 Die tatsächlichen Belastungen der Umwelt in den neuen Bundesländern

Die ersten Informationen über die tatsächliche Belastung der Umwelt in der ehemaligen DDR sickerten vor der Wende bereits durch Mitglieder der Ökologie- und Friedensbewegung sowie durch Institutionen wie den "Club Demokratische Perestroijka" und das "Grüne Netzwerk Arche" durch. Einer größeren Öffentlichkeit bekannt wurden sie durch Referate und Diskussionsbeiträge auf den internationalen Wirtschaftstagungen des Neuen Forums, insbesondere seit Januar/Februar 1990. Erste Anstrengungen, mit den bedrängenden Umweltschutzbelastungen fertig zu werden, erfolgten durch das Ministerium für Naturschutz, Umweltschutz und Wasserwirtschaft und deren Amtsinhaber Peter Diedrich (seit Januar 1990) und Karl-Hermann Steinberg (ab 12. April 1990).

Presseberichte, die nach dem Fall der Mauer über die tatsächliche Situation auf dem Gebiet der Umweltverschmutzung berichteten, wurden zunächst mit ungläubigem Kopfschütteln, ohnmächtiger Wut und Bedrücktheit zur Kenntnis genommen. Zwar war schon vorher bekannt, daß die DDR-Stromerzeugung zu rund 85% aus einer stark schwefelhaltigen Braunkohle stammte und daß das früher waldreiche Erzgebirge besonders hart vom Waldsterben betroffen war. Einzelheiten über das tatsächliche Ausmaß der Verseuchung der Industriestandorte und deren gesundheitliche Auswirkungen wurden jedoch erst Anfang 1990 bekannt. Überschriften wie "Noch lange schmeckt der Gestank auf der Zunge. Vergiftete Umwelt in Bitterfeld" (von Caroline Möhring in der FAZ vom 6. 2. 1990), "Tschernobyl-Nord. Die Zeitbombe von Greifswald" (von Horst Bieber in der ZEIT vom 2. 2. 1990), "Gefangen in der Abfallklemme" (von Fritz Vorholz in der ZEIT vom 2. 2. 1990), "Die Umwelt-Last der DDR" (von Carl Graf Hohenthal in der FAZ vom 22. 1. 1990) und "Ein Fluß geht baden" (in SPIEGEL Nr. 30 vom 23. 7. 1990) zeigten kaleidoskopartig auf, welches dramatische Ausmaß die Umweltvergiftung erreicht hat - und konnten doch nur die Spitze des Eisbergs abbilden. Seit November 1990 liegen nun die "Eckwerte der ökologischen Sanierung und Entwicklung in den neuen Ländern" vor, die vom Bundesminister für Umwelt, Naturschutz und Reaktorsicherheit erarbeitet wurden. Die darin enthaltenen Angaben werden der folgenden Analyse, soweit nicht anders vermerkt, zugrunde gelegt.

2.2 Konsequenzen für die menschliche Gesundheit

Auf die menschliche Gesundheit wirken sich Verunreinigungen aller Umweltmedien aus. Nach den vom Bundesminister für Umwelt, Naturschutz und Reaktorsicherheit durchgeführten Analysen sind im Bereich der Gewässer der fünf neuen Bundesländer an vielen Orten dramatische Belastungen festzustellen (siehe "Eckwerte", S. 17f f.). Die Güteklassifizierung von 10.600 km Wasserläufen und von 665 Seen und Talsperren hat ergeben, daß 42% der Wasserläufe und 24% der stehenden Gewässer für eine Trinkwasseraufbereitung nicht mehr in Frage kommen. Aus 36% der fließenden und 54% der stehenden Gewässer kann Trinkwasser nur mit Hilfe einer sehr komplizierten und teuren Technologie gewonnen werden.

Für die Elbe bei Boizenburg ergaben sich jährliche Schadstofffrachten von 23 t Quecksilber, 13 t Cadmium, 120 t Blei, 280 t Chrom, 380 t Kupfer, 270 t Nickel, 2.800 t Zink und über 3,5 Mio t Chlorid. Ergänzende Langzeituntersuchungen haben gezeigt, daß die Elb-Anwohner ein achtfach größeres Risiko tragen, an Leberkrebs zu erkranken, als Menschen, die unbelastetes Trinkwasser genießen (vgl. dazu auch Kauntz 1990). Die Schwermetallverunreinigung der Elbe ist deshalb so gefährlich, weil es sich dabei insbesondere um chlorierte Kohlenwasserstoffe handelt. Über die Nahrungskette sind sie in der Lage, das menschliche Erbgut zu verändern und Krebs zu erzeugen. Als Hauptverursacher des bedenklichen Gewässerzustandes gelten die Fotochemie Wolfen, die Großgaserei Magdeburg und das Arzneimittelwerk Dresden. Insgesamt gesehen werden die Gewässer durch unzureichende Klär- und Reinigungsanlagen der Kommunen und Industrie, überholte Produktionstechnologien sowie durch den zu hohen Mineraldüngeeinsatz, eine Überdosis an Pflanzenschutzmitteln und die Gülleeinleitungen der Landwirtschaft verschmutzt. Als Folge ergibt sich, daß 9,6 Mio von 16,6 Mio Einwohnern kein qualitativ ausreichendes Trinkwasser erhalten.

Hinsichtlich der Luftverschmutzung stellt sich die Situation noch ungünstiger dar. Die sehr hohen Emissionsfrachten führen insbesondere in einer Reihe von Ballungsgebieten dazu, daß Emissionsgrenzwerte teilweise gesundheitsbedrohend überschritten werden. Die einseitige, auf Braunkohle konzentrierte Energiewirtschaft des Beitrittsgebietes hat zur Folge, daß die Schadstoffkonzentrationen im Vergleich zum Gebiet der bisherigen Bundesrepublik bei Schwefeldioxid 11,5 mal und bei Staubbelastungen etwa achtmal so hoch sind. Am stärksten mit SO_2 belastet sind die Industriegebiete Weißenfels/Merseburg, Leipzig, Erfurt/Weimar, Zwickau/Glauchau, Chemnitz und Berlin. Teilweise liegen die SO_2-Konzentrationen bei dem zehnfachen Wert, verglichen mit der bisherigen Bundesrepublik. Sie entstehen dadurch, daß die Energieerzeugungsanlagen, von Ausnahmen abgesehen, über keine Abgasreinigungsanlagen zur Entschwefelung verfügen. Ebenfalls sind Entstaubungsanlagen ungenügend vorhanden und technisch veraltet.

Rund 4,5 Mio Wohnungen werden mit Braunkohlebriketts beheizt, das ergab 1989 Emissionen von 343.000 t SO_2, 146.000 t Staub und 6.200 t Stickstoffoxid. Ferner wurden durch den Verkehr 1989 insgesamt 140.000 t Stickstoffoxide, 860.000 t Kohlenmonoxid und 540.000 t Kohlenwasserstoffe emitiert.

Mit 5,2 Mio t Schwefeldioxidemission liegt die ehemalige DDR an der Spitze aller europäischen Länder. Hauptverursacher sind mit 93% die Energieerzeugungsanlagen einschließlich der Kleinfeuerungsanlagen; es folgen mit 6% Produktionsanlagen, insbesondere in der Petrochemie und Hüttenindustrie.

Die Stickstoffoxid-Emission mit insgesamt 610.000 t pro Jahr wurde hauptsächlich durch kontrollpflichtige Energieerzeugungsanlagen sowie durch Produktionsanlagen (Edelstahlproduktion, Chemie und Zementherstellung) verursacht. Im Stickstoffoxid-Emissionsbereich liegen die fünf neuen Bundesländer weitgehend unterhalb der vorgeschriebenen Grenzwerte.

Erhöhte Schwermetallbelastungen der Luft ergeben sich vor allem im Mansfelder und Freiberger Raum sowie im westlichen Erzgebirge (insbesondere durch den Kupferbergbau), in Gebieten mit Eisenmetallurgie (z. B. Riesa und Stadt Brandenburg) sowie bei der Bleifarben- und Akkumulatorenherstellung.

Die Luft ist ferner durch spezifische Schadstoffemissionen von Kohlenwasserstoffen und Lösungsmitteln, durch Schwefelwasserstoff, Chlor und Chlorwasserstoff, Fluorverbindungen sowie Asbestprodukte belastet. Die Luftbelastung wirkt sich vor allem auf die Wälder und die menschliche Gesundheit aus. In den neuen Bundesländern liegt das Schadensniveau der Waldbelastung mit rund 36% mehr als doppelt so hoch wie im übrigen Bundesgebiet.

Die gesundheitliche Belastung der Bevölkerung zeigt ein insgesamt gesehen erschreckendes Bild. Die durchschnittliche Lebenserwartung im Gebiet der damaligen DDR liegt ungefähr bei Männern um 2,5 Jahre und bei Frauen um 7 Jahre unter dem Durchschnitt der alten Länder der Bundesrepublik. Sie beträgt bei Männern 69,5 und bei Frauen 71,5 Jahre.

Die Luftverschmutzung führt insbesondere in den südlichen Landesteilen der fünf neuen Bundesländer in erhöhtem Maße zu chronischer Bronchitis und asthmatischen Erkrankungen der Atemwege. Besonders akut bedroht ist die Gesundheit von Kindern im Raum Bitterfeld, wo extreme Belastungen der Luft, des Wassers und des Bodens zusammenwirken. Dies drückt sich auch in einer hohen Säuglingssterblichkeit wegen Mißbildungen aus, die 1989 mit 5,3/1.000 um mehr als doppelt so hoch als das langjährige Mittel von 2,3/1.000 lag. Ein ähnlich besorgniserregender Anstieg der Atemwegserkrankungen bei Kindern ist im Raum Espenhain/Böhlen/Rositz festzustellen (hohe Schwefelbelastungen der Carbochemie und der Energiewirtschaft). Die Kinder in diesem Raum leiden insbesondere auch an endogenen Ekzemen. Chronische Entzündungen der oberen Atemwege und der Nasenhöhlen, allergische Hauterkrankungen und eine auffallende Häufigkeit von zerebralen neurologischen Anfällen bei Neugeborenen sind im Raum Pirna festzustellen (hohe Schwefelwasserstoff- und Schwefelkohlenstoffbelastungen, vor allem durch die Viskoseproduktion).

Schließlich sind die Standorte der Nicht-Eisenmetallurgie Eisleben, Freiberg, Helbra, Zwickau und Ilsenburg zu nennen. Hier verursachen Schwermetallkontaminationen des Bodens und der Nahrungsgüterkette einen starken Anstieg des Blutbleigehaltes der gesamten Bevölkerung.

Die dramatische Gefährdung der Gesundheit von Mensch und Umwelt wird durch die Belastung aller Umweltmedien erzeugt, nicht zuletzt auch durch eine fahrlässige bis vorsätzliche Abfallablagerung von Giften. Der Bericht über die Eckwerte der ökologischen Sanierung und Entwicklung in den neuen Ländern nennt insgesamt 27.877 altlastverdächtige Flächen, von denen aber bisher erst 2.457 als tatsächliche Altlast eingestuft worden sind. Selbst für diese bereits identifizierten Altlasten fehlt noch eine systematische Gefährdungsabschätzung. Dies gilt ebenfalls für die Rüstungsaltlasten auf den Liegenschaften der sowjetischen Streitkräfte, die bisher nur ansatzweise bekannt wurden.

Erwähnenswert sind ferner noch die Stoffwechseldefekte, Fehlbildungen und Immuneffekte, die aus dem ständigen Umgang von Chemiearbeitern in Schwerpunktbereichen der chemischen Industrie resultieren (insbesondere in der Bitterfelder Chemie AG aus der Herstellung der chemischen Zwischenprodukte Dimethyl-Sulfat und Hydro-Chinon). Und schließlich wurde zu allem Überfluß in den ohnehin schon genügend verseuchten Orten Greppin und Bitterfeld das Seveso-Gift 2,3,7,8-Tetrachloridibenzo-p-dioxin (TCDD) gefunden.

2.3 Bisherige Folgerungen für die Umweltpolitik

Angesichts der bedrohlichen Auswirkungen der Umweltbelastung auf die menschliche Gesundheit mußten bereits vor der Vereinigung einige dringende Sofortmaßnahmen getroffen werden. Als solche nennt der Bericht des Bundesumweltministers die Verbesserung der Trinkwasserversorgung, den Aufbau eines Smog-Frühwarnsystems, die unmittelbare Stillegung von Anlagen mit besonders hoher Gesundheitsgefährdung sowie eine wenigstens partielle Umstellung in der Energieversorgung in Richtung emissionsärmerer Brennstoffe. Hohe Priorität erhielten ferner die Sicherung oder Schließung von gesundheitsgefährdenden Mülldeponien sowie die Lösung des Altlastenproblems. Einige der in der ersten Jahreshälfte 1990 eingeleiteten Maßnahmen haben inzwischen gegriffen. Der Bericht nennt den Rückgang der Schwefeldioxidbelastung um 500.000 t (= 10,5%) und die Verringerung der Staubemissionen um 300.00 t (= 13,5%) im Jahre 1990. Hinzu kommt eine Reduzierung der in Elbe und Werra eingeleiteten Schadstoffe (organische Stoffe, Stickstoffverbindungen, Quecksilber und Chlorid). Bereits zu Anfang des Jahres wurden die folgenden Betriebe auf Beschluß der Regierung der ehemaligen DDR stillgelegt: die Kupferhütte in Ilsenburg, die Kupfer- und Silberhütte in Hettstedt, acht Karbidöfen der Chemischen Werke Buna, die Viskosefaserproduktion in Wolfen sowie Teile der Aluminiumerzeugung in Bitterfeld. Weitere Produktionsreduzierungen wurden für Teile der Farbenproduktion sowie für Nitrierungsprozesse in Buna vorgesehen. Eine der wichtigsten Maßnahmen betraf die Verlagerung der Verantwortung für die Produktionsnachsorge an die Unternehmen selbst. Durch die Schließung der Deponie Vorketzin sollte eine weitere Kontaminierung des Bodenumfelds und Grundwassers verhindert werden. Damit wollte die seinerzeit amtierende DDR-Regierung gleichzeitig ein Signal setzen, daß mangelndes Umweltbewußtsein und unterlassene Abfallvermeidung die Giftmüllproduzenten teuer zu stehen käme.

3. Entwicklungstendenzen des betrieblichen Umweltschutzes in den fünf neuen Bundesländern

3.1 Ökologische Leitlinien

In der ehemaligen DDR wurden nur 4,5% des Bruttoinlandsprodukts in den Umweltschutz investiert, obwohl dieser in Artikel 15 der DDR-Verfassung festgeschrieben worden ist. Die Entscheidung der politischen Führung für die Beibehaltung alter Anlagen, die Steigerung des Braunkohleeinsatzes als Hauptenergieträger sowie die Vernachlässigung der Umweltschutztechnologie haben die fünf neuen Bundesländer mit der Erblast einer europäischen Dreckschleuder belastet. Auch in den alten Ländern der Bundesrepublik sind jedoch viele Umweltschutzprobleme unerledigt geblieben. Es kommt deshalb jetzt darauf an, für das vereinigte Deutschland gemeinsam ökologische Leitlinien zu erarbeiten und durchzusetzen, die auch für den betrieblichen Umweltschutz Geltung haben. Dabei geht es primär und vorrangig um folgende Grundsätze:

- Schutz der Gesundheit von Kindern und Erwachsenen vor belastenden Luftverschmutzungen,

- Gesundheitsschutz durch Sicherstellung einer dem Menschen bekömmlichen Trinkwasserqualität,

- Gesundheitsvorsorge für die kommenden Generationen durch Ausschaltung potentieller Gefahrenquellen.

Hinsichtlich der mittel- und langfristigen Verbesserung der natürlichen Umwelt erscheint die Orientierung an Leitlinien erforderlich, welche auf die Bewahrung der Schöpfung als Ganzes ausgerichtet sind (vgl. Kreikebaum 1988). Dazu zählen insbesondere

- die Förderung einer vielfältigen Entwicklung des natürlichen Lebensraumes,

- die Sicherung eines am Nachhaltigkeitsprinzip ausgerichteten Ertrages,

- die persönliche Orientierung am Prinzip der kreatürlichen Bescheidenheit sowie

- der haushälterische Umgang mit den natürlichen Ressourcen der Schöpfung.

Die Vorschläge des Bundesumweltministers zur Entwicklung von Umweltschutzstrategien gehen zunächst auf diejenigen Maßnahmen ein, die der unmittelbaren Verbesserung des Gesundheitsschutzes dienen.

3.2 Maßnahmen zur unmittelbaren Abwehr von Gesundheitsgefahren

Ein Programm zur Abwehr von Gefahren durch die geschilderten Umweltbelastungen muß sich an erster Stelle um die Sicherstellung einer Trinkwasserversorgung für die Bevölkerung kümmern. Dafür ist es notwendig, durch Nitrate stark belastete Einzelbrunnen und Wasserwerke zu schließen, auf die Entnahme von Flußwasser an besonders verseuchten Standorten zu verzichten und die Aufbereitungstechnologien kurzfristig zu verbessern.

Um die Luftverschmutzung zu verringern, empfiehlt der Bericht vorrangige Sanierungsmaßnahmen für krebserzeugende Stoffe, Schwermetalle und sonstige toxische Stoffe. Erneut wird hier die Stillegung von nicht-sanierungsfähigen Anlagen angeraten, aber auch der Einsatz fachkundiger Emissionsschutz- und Störfallbeauftragter in den Unternehmen. Als Beispiel für eine produktbezogene Luftreinhaltungsmaßnahme nennt der Bericht das Verbot von Asbesterzeugnissen.

Zu den Maßnahmen einer gebietsbezogenen Luftreinhaltung zählen die "Eckwerte" die Substitution schwefelhaltiger durch schwefelarme Braunkohle bzw. emissionsarme Brennstoffe in SO_2-Belastungsgebieten sowie den Aufbau eines Smog-Frühwarnsystems und Smog-Alarmsystems durch das Umweltbundesamt.

Beim Abfall geht es unter anderem um die Schließung von wilden Mülldeponien sowie um die Beendigung der Ablagerung von Sondermüll auf Hausmülldeponien. Hinsichtlich der Altlasten werden kurzfristige Sicherungsmaßnahmen empfohlen, um die festgestellten akuten Gefährdungen abzubauen. Im Bereich des Bodenschutzes zählen dazu beispielsweise Nutzungsbeschränkungen für mit Schwermetallen und toxischen Stoffen belastete landwirtschaftliche Flächen und die Schließung von Kinderspielplätzen. Weitere Empfehlungen gelten dem Strahlenschutz (z. B. durch Radon-Messungen in Wohnhäusern) und Sofortmaßnahmen in besonders belasteten Wohnhäusern sowie dem Abbau der Schadstoffbelastung von Lebensmitteln. Schließlich legen die "Eckwerte" die Substitution von besonders umweltgefährdenden Gefahrstoffen nahe (z. B. Asbest, Arsen, Blei, Cadmium, Quecksilber und Chlorphenolen durch umweltfreundliche Stoffe) und nennen Maßnahmen zum Schutz der Ozonschicht (z. B. die Reduzierung des FCKW-Verbrauchs durch die Schaumstoff- und Kälteindustrie).

Es leuchtet unmittelbar ein, daß der außerordentlich kritische Zustand der natürlichen Umwelt in den neuen Bundesländern nur durch grundlegende Sanierungsmaßnahmen verbessert werden kann. Nach den Vorstellungen des Bundesumweltministers geht es dabei um eine Vielzahl von Sanierungsschritten in den einzelnen Umweltmedien. Die folgenden Beispiele verdeutlichen die Komplexität und den Umfang des notwendigen Sanierungsprogramms. Sie belegen gleichzeitig die Notwendigkeit, die vorgesehenen Maßnahmen am Grundprinzip des integrierten Umweltschutzes auszurichten.

3.3 Mittelfristig wirkende Sanierungsmaßnahmen

Der Bundesumweltminister fordert, daß die Behandlung der Oberflächengewässer auf der Grundlage einer integrierten Abwasserentsorgungs- und Gewässerschutzpolitik erfolgt. Das Ziel ist dabei die Verbesserung der Gewässergüte und die Wiederherstellung der Gewässer als natürlicher Lebensraum des Menschen. Beim Kläranlagenbau sind deshalb schon jetzt die neuen Standards anzuwenden, um spätere teure Nachrüstungen zu vermeiden. Ferner soll durch die Indirekteinleiter-Verordnung sichergestellt werden, daß die Vermeidungsmaßnahmen bereits durch die industriellen und gewerblichen Nutzer der Kanalisation erfolgen und auf diese Weise die kommunalen Kläranlagen entlastet werden können. Für die teilweise veralteten Wasserwerke sind moderne Aufbereitungstechnologien vorgesehen, in den Gewerbebetrieben werden eine Kreislaufführung sowie die Wiederaufbereitung des Brauchwassers empfohlen.

Zur dauerhaften Verbesserung der Luftqualität sprechen sich die "Eckwerte" dafür aus, die vorsorgeorientierten Rechtsvorschriften des Bundes-Immissionsschutzgesetzes und des Benzin-Blei-Gesetzes möglichst bald in die Praxis der Umweltpolitik umzusetzen.

Der mittel- bis langfristigen Vermeidung und Verwertung von Abfall soll in Zukunft der Vorrang vor der Entsorgung eingeräumt werden. Vorgesehen sind hier eine umgehende Erprobung des dualen Abfallsystems und der möglichst sparsame Einsatz von Ressourcen. Einen Kernpunkt der Überlegungen bildet der verstärkte Einsatz erneuerbarer Energieträger anstelle der die Umwelt belastenden Braunkohle. Kohle und Heizöl sollen durch vorgeschaltete Umweltschutzmaßnahmen außerhalb des Betriebsprozesses zumindest teilentschwefelt werden.

Betrachtet man die vorliegenden "Eckwerte der ökologischen Sanierung und Entwicklung in den neuen Ländern" kritisch, so ist folgende Gefahr nicht von der Hand zu weisen. Die Anstrengungen dürfen nicht darauf gerichtet sein, eine 'passive Sanierung' zu betreiben, d. h. zugunsten von kurzfristigen Notmaßnahmen auf eine nachhaltige Sanierung der Umwelt in den fünf neuen Bundesländern zu verzichten (siehe dazu Welskop 1990). Angesichts der drückenden Altlastenproblematik besteht nämlich die Gefahr, auf den nachsorgenden Umweltschutz auszuweichen und Vorsorgestrategien hintanzustellen. Nachsorgestrategien wirken aber in der Regel nur partiell, verschleppen die eigentlichen Probleme und implizieren wieder selbst Schädigungen der Umwelt (z. B. durch große Energieintensität). Es kommt also auf ökologische Strukturreformen an, die in entsprechende konkrete Maßnahmen umgesetzt werden müssen. Mit anderen Worten: Ebenso wie in den alten muß auch in den neuen Bundesländern der integrierte Umweltschutz stärker als bisher berücksichtigt werden. Dieser Grundgedanke tritt in den vorliegenden "Eckwerten" zu stark in den Hintergrund.

4. Integrierter Umweltschutz: Eine Gemeinschaftsaufgabe von Ost und West

4.1. Das zeitliche Dilemma

Die Prioritäten für den integrierten betrieblichen Umweltschutz liegen klar auf der Hand: Es geht um die Ausschaltung aller die menschliche Gesundheit jetzt und in Zukunft bedrohenden Umweltgefahren durch einen Vorsorge treffenden Mitweltschutz. Dieser erfordert sowohl kurzfristig zu ergreifende als auch mittel- bis langfristig wirkende Maßnahmen. Letztere setzen einen teilweise beträchtlichen Vorbereitungsgrad voraus. Auf den mit der Planung von integrierten Neuanlagen verbundenen Zeitaspekt soll an dieser Stelle kurz eingegangen werden.

Der Bau von Kläranlagen, die Umstellung von Produktionsanlagen auf umweltfreundliche Verfahren und Maßnahmen einer ökologischen Umstrukturierung der

Industriebetriebe bedürfen eines Genehmigungsverfahrens. Nach den vorliegenden Erfahrungen in den alten Bundesländern kann sich eine solche Genehmigung selbst für erwiesenermaßen umweltfreundliche neue Produktionsverfahren als sehr zeitraubend herausstellen. So beanspruchte z. B. die Umstellung einer Anlage zur Herstellung von aromatischen Aminen auf ein umweltfreundliches Verfahren der katalytischen Reduktion anstelle der Eisenreduktion im Werk Griesheim der Hoechst AG insgesamt 47 Monate, obwohl an sich 18 Monate ausgereicht hätten (vgl. Deis 1988, zitiert nach Albach/Albach 1989, S. 228-242). Ergeben sich solche Werte bei einer im Prinzip funktionierenden Verwaltungsbürokratie, und hält man sich die bisherigen Erfahrungen mit der Privatisierung von Unternehmen im Bereich der ehemaligen DDR vor Augen, so resultiert daraus die Notwendigkeit einer möglichst baldigen Verfahrensumstellung und raschen Einleitung von Genehmigungsverfahren. Die Verfahren selbst sollten unbürokratisch abgewickelt werden.

Absoluten Vorrang muß der Schutz der menschlichen Gesundheit genießen. Dies bedeutet, daß Umweltschutzgesichtspunkte vor Arbeits- und Beschäftigungsaspekten rangieren müssen. Das Recht auf Arbeit darf nicht dazu führen, stark umweltbelastete Produktionen fortzuführen. Vielmehr ist der direkte Weg von den alten Produktionsverfahren auf umweltfreundliche Technologien anzustreben. Um nicht mißverstanden zu werden: Auch in Zukunft benötigen wir nachsorgende Umwelttechnologien und entsprechende Innovationsbemühungen. Das drängende Problem der Arbeitslosigkeit kann aber nur in der Weise beseitigt werden, daß der Umweltschutz auch als Marktchance erkannt und insbesondere auf dem Gebiet des integrierten Umweltschutzes nach Exportmöglichkeiten gesucht wird. Diese sind durch staatliche Aktivitäten nicht zu behindern, sondern zu fördern.

4.2 Forderungen an die Unternehmenspraxis

In Zukunft muß die Forderung nach einem qualitativen, d. h. ressourcenschonenden und umweltberücksichtigenden Wachstum Maßstab des wirtschaftlichen Handelns in den Unternehmen und in der Wirtschaftspolitik sein. Nach der Prioritätenfolge 'vermeiden, verwerten, beseitigen' stehen Vorsorge- und Vermeidungsstrategien auch im betrieblichen Umweltschutz an erster Stelle. Integrierter Umweltschutz ist gefordert, um die Umweltbelastung an der Quelle zu verringern und möglichst vollständig zu beseitigen. Schon bei der Planung von Produkten und Produktionsanlagen müssen ökologische Gesichtspunkte voll in die unternehmerischen Entscheidungen einbezogen werden (siehe dazu auch den Vorschlag bei Bästlein 1990). Die Nachfrage nach ökologischen Produkten ist durch ein 'Marketing für Ökologie' (vgl. Fischer 1990) zu unterstützen. In den alten Ländern der Bundesrepublik beträgt der für integrierte Umweltschutzmaßnahmen aufgewandte Investitionsbetrag derzeit erst rund 20 bis 25 % der gesamten, für den Schutz der Umwelt eingesetzten Investitionsmittel. Dabei leuchtet unmittelbar ein, daß Abfall- und Müllvermeidung oberste Priorität genießen und in Zukunft sehr viel stärker als bisher beachtet werden muß. Bei der Entgiftung der vergifteten Umwelt ist am Ort der Entstehung anzusetzen.

Integrierter Umweltschutz beinhaltet gleichzeitig die Suche nach innovativen Lösungen im Bereich der Verpackungen. Warum sollte es z. B. nicht gelingen, eßbare Verpackungen für Konsumgüter herzustellen, wie sie bereits schon für Pralinen und Joghurt angeboten werden? 'Clean Technologies' sind ebenso gefragt wie abfallvermeidende und abfallarme Produkte. Die 'Nullverpackung' muß Gegenstand innovativer Anstrengungen werden. In das dafür notwendige Innovationsmanagement sind neben den Funktionsbereichen Forschung&Entwicklung und Marketing auch die Umweltschutzbeauftragten sowie externe Berater einzubeziehen.

In der Unternehmenspraxis der ehemaligen DDR wird es darum gehen, zunächst die produktionsbedingten Risiken für Umwelt und Mitwelt zu beseitigen bzw. zu verringern. In einem zweiten Schritt kommt es darauf an, einen integrierten, produktbezogenen Umweltschutz zu betreiben. Insbesondere bieten sich dafür der Chemiebereich, die Bauwirtschaft, der Anlagen- und Maschinenbau sowie die Informations- und Kommunikationstechnologie an.

4.3 Forschungskooperationen

Auch die betriebswirtschaftliche Forschung kann sich gezielt daran beteiligen, den integrierten Umweltschutz als eine Gemeinschaftsaufgabe von Ost und West zu begreifen. Ein solches Kooperationsprojekt könnte z. B. die Beziehungen zwischen dem integrierten Umweltschutz und einer Verbesserung der Wettbewerbsfähigkeit zum Gegenstand haben.

Der integrierte Umweltschutz birgt hinsichtlich der Wettbewerbsfähigkeit Chancen wie Risiken. Integrierte Umweltschutzmaßnahmen konkurrieren mit anderen unternehmerischen Maßnahmen um die internen Ressourcen. Sie können Kosten verursachen, denen keine Mehrerlöse gegenüberstehen. Sie können jedoch auch zu Erlöserhöhungen im traditionellen Geschäft führen oder ganz neue Marktsegmente aufgrund eines aktiven, offensiven Umweltschutzes erschließen. Im ersten Fall wären negative Auswirkungen auf die Wettbewerbsfähigkeit die Folge; im zweiten Fall sind die Auswirkungen in der Regel positiv.

Die wettbewerbsbezogene Bewertung hängt u. a. von dem Werte- und Gesetzesumfeld ab, das die Chancengleichheit im Markt beeinflußt. Es erscheint deshalb ebenso reizvoll wie notwendig, den Zusammenhang zwischen dem integrierten Umweltschutz und der Wettbewerbsfähigkeit ausgewählter Branchen und Unternehmen im Spannungsfeld der unterschiedlichen Gegebenheiten in den alten und neuen Ländern der Bundesrepublik Deutschland zu untersuchen.

In den alten Bundesländern der Bundesrepublik sind die Unternehmen seit langer Zeit mit den Grundprinzipien der marktwirtschaftlichen Ordnung vertraut. Vielfach werden moderne Produktionsverfahren und -anlagen genutzt, die Mitarbeiter haben entsprechende Qualifikationen aufgebaut. Das gesetzliche Umfeld rückt zunehmend ökologische Zielsetzungen in den Vordergrund. Und die Unternehmen sind auch - grundsätzlich - in der Lage, entsprechende Umweltschutztechnologien zu finanzieren und zu entwickeln. In den neuen Bundesländern kann von einer fast gegensätzlichen Situation ausgegangen werden.

Der Vergleich beider Positionen erscheint in theoretischer wie in praktischer Hinsicht interessant. Dabei gilt es, die grundsätzlichen Faktoren herauszuarbeiten, die Innovationen im integrierten Umweltschutz fördern oder behindern. In den bisherigen Bundesländern ist ausreichend Kapital vorhanden, um in zukunftsträchtige Umweltschutzmärkte zu investieren. Bei der erforderlichen Umstrukturierung der Produktionsanlagen in den Unternehmen der früheren DDR kann auf neueste - westliche - Technologien zurückgegriffen werden.

Ein entscheidender Punkt sollte bei den angestrebten Maßnahmen zur Beseitigung der Umweltkrise nicht übersehen werden. Alle noch so gut fundierten Bemühungen fruchten nichts, wenn es nicht in Ost und West zu einer grundsätzlichen Bewußtseinsänderung in Sachen Natur- und Umweltschutz kommt. Wir müssen die technische Zivilisation und unsere gegenwärtige Lebensweise selbst in Frage stellen und endlich damit aufhören, an den Symptomen zu kurieren. Denn "alle großen sozialen, ökonomischen und ökologischen Fragen müssen zugleich auch durch die Veränderung bei uns selbst angegangen werden. Wir müssen anders leben, damit andere leben können" (Kamphaus 1987, S. 162).

Literaturverzeichnis

Albach, H./Albach, R.: Das Unternehmen als Institution. Rechtlicher und gesellschaftlicher Rahmen, Wiesbaden 1989

Bästlein, S.: Die Feasibility-Studie unter qualitativen Aspekten. Produktionsorientierter Umweltschutz und Sicherheit bei der Projektbewertung in Chemieanlagen, Diss. Frankfurt 1990

Der Bundesminister für Umwelt, Naturschutz und Reaktorsicherheit: Eckwerte der ökologischen Sanierung und Entwicklung in den neuen Ländern, Bonn 1990

Fischer, G.: Public Relations als strategischer Erfolgsfaktor. Eine kritische Untersuchung am Beispiel ökologieorientierter Unternehmensführung, Diss. Frankfurt 1990

Kamphaus, F.: Der Preis der Freiheit. Anstöße zur gesellschaftlichen Verantwortung der Christen, Mainz 1987

Kauntz, E.: Elbanwohner haben höheres Krebsrisiko, in: FAZ vom 11.5.1990

Kreikebaum, H.: Kehrtwende zur Zukunft, Neuhausen - Stuttgart 1988

Welskop, F.: Ökologische Fragen der DDR-Modernisierung, in: Informationsdienst des Instituts für Ökologische Wirtschaft Nr. 5, September/Oktober 1990, S. 11 f.

Die ökologische Situation

in der polnischen Industrie

Stanislaw Sudol

Die ökologische Situation

in der polnischen Industrie

Stanislaw Sudol

Als erste machten in Polen die Wissenschaftler und die Ärzte auf den ungünstigen Einfluß der Industrialisierung des Landes auf die Natur aufmerksam. Schon in den 50er Jahren erhoben sie Warnungen und entwarfen besorgniserregende Prognosen. Ihre Stimmen wurden nicht gerne wahrgenommen. Die Vertreter der staatlichen Behörden und bestimmte mit ihnen verbundene Kreise warfen ihnen Übertreibungen in der Einschätzung der Situation und Schwarzseherei vor. Sie kritisierten auch die Tatsache, daß diese Wissenschaftler die volkswirtschaftlichen Ziele des sozialistischen Staates, der durch das Forcieren der Industrieproduktion die beschleunigte Entwicklung des gesamten Landes und die Steigerung des Lebensstandards der gesamten Gesellschaft anstrebt, nicht berücksichtigten.

Im Jahre 1961, also ein Jahr früher als Rachel Carsons 'Silent Spring', wurde in einer kleinen Auflage das Buch der Mitarbeiterin der Abteilung für Naturschutz der Polnischen Akademie der Wissenschaften in Krakau, Antonina Lenk, unter dem Titel 'Skalpierte Erde' herausgegeben. Die Autorin hat darin in einer begründeten, überzeugenden und zugleich anschaulichen Weise auf die drohenden Gefahren des unüberlegten Wirtschaftens durch den Menschen aufmerksam gemacht. Sie warnte die Welt vor den verhängsnisvollen Folgen der starken Umgestaltung, der Verunreinigung und des Vergiftens der Umwelt, in der wir leben. Dieses Buch wurde von den Anhängern der Ideologie der 'Umgestaltung der Umwelt' heftig angegriffen. Ihr ökologisches Bewußtsein war, so muß man dies im Nachhinein einschätzen, auf dem Niveau der Epoche der Steinzeit stehengeblieben.

In einigen Regionen Polens ist zur Zeit die ökologische Lage geradezu dramatisch. Darüber informieren uns jetzt ständig verschiedene wissenschaftliche Publikationen, publizistische Arbeiten in den Zeitschriften und die Tatsachenberichte in den Tageszeitungen.

Wir erfahren jetzt erst die Folgen der Fehler in der Wirtschaftspolitik, die von den Staatsbehörden über 40 Jahre lang gemacht wurden. Infolge dieser Fehler trat ein hohes Ausmaß an Degradierung der natürlichen Umwelt ein. Im Prozeß der Industrialisierung Polens wurden insbesondere folgende Fehler begangen:

(1) Es wurden häufig Großbetriebe gebaut - wir nennen es in Polen 'Gigantomanie' - was ungeachtet der anderen Nachteile eine große Belastung der Natur in der unmittelbaren Umgebung nach sich zog.

(2) Die meisten der in der Nachkriegszeit gebauten Betriebe wurden nicht richtig plaziert. Dies betrifft vor allem die in der Nähe der großen Städte gebauten Hüttenwerke: Kraków, Warszawa, Glogów, Legnica sowie eine Reihe von weiteren Betrieben, wie z. B. das petrochemische Werk in Plock oder die Stickstoffwerke in Pulawy. Die Standortentscheidungen waren häufig eindeutig politisch motiviert - und oft im üblen Sinne des Wortes. Außerdem wurden keine vertieften und vollständigen Analysen des Einflusses der Investition auf die natürliche Umwelt durchgeführt.

(3) Keiner der neugebauten Industriebetriebe hat richtige Einrichtungen zum Schutz gegen die übermäßige Degradierung der natürlichen Umwelt.

(4) Infolge der oben erwähnten Faktoren führten alle großen Industrieinvestitionen zu einer so großen Zerstörung der Umwelt, daß die Umgebung der betreffenden Industrieanlagen als ökologisch bedroht erklärt werden mußte.

Als ausschlaggebend für den Zustand der natürlichen Umwelt von Polen sind die Bergbau- und Energieinvestitionen anzusehen. In der Nachkriegszeit entstanden in Polen neue Industriebetriebe, die auf der Bergwerks- und Verarbeitungsindustrie basierten. Vor allem müssen hier erwähnt werden: der Kohlebezirk von Rybnik, das Kohlebecken von Lublin, der Industriebezirk von Belchatów (Braunkohle), der Industriebezirk von Tarnobrzeg (Schwefel) sowie der Kupferbezirk von Legnica und Glogów.

In vielen Industriebetrieben, die noch vor dem zweiten Weltkrieg und sogar vor dem ersten Weltkrieg gebaut wurden, werden veraltete Technologien verwendet (sogenannte 'schmutzige Technologien'), die mit viel Abfall, mit großer Verstaubung und Abgasemissionen und häufig auch mit einem hohen Energieverbrauch verbunden sind.

Polen wird dadurch, daß die von der Industrie stammenden Verunreinigungen nicht an der Staatsgrenze haltmachen, allmählich zu einem unangenehmen Nachbarn für die Länder mit einer saubereren natürlichen Umwelt. Dies gilt insbesondere für Schweden, das von uns nur durch die Ostsee getrennt ist, die auch einem hohen Tempo der Verschmutzung unterliegt. Polen spürt auch die aus der Tschechoslowakei und in geringerem Maße auch aus der Deutschen Demokratischen Republik stammenden Verunreinigungen.

In diesem überaus finsteren Bild erscheint als optimistisches Element nur ein ziemlich hoher und immer weiter steigender Grad des ökologischen Bewußtseins der Gesellschaft, insbesondere der jungen Menschen. Immer eindringlicher fordert die Gesellschaft von den Staatsorganen die Gewährleistung der ökologisch richtigen Bedingungen für ihr Überleben. Auf dieser Grundlage wird die Entstehung der ökologischen, gesellschaftlichen Bewegung deutlicher. Man darf erwarten, daß sich in nicht allzu ferner Zukunft in Polen eine ökologische Partei, die Polnische Partei der GRÜNEN, herauskristallisieren wird.

Der Druck der öffentlichen Meinung auf die Behörden ist so stark geworden, daß diese gezwungen sind, die schwierige Entscheidung hinsichtlich der Schließung der für die Umgebung schädlichsten Industriebetriebe zu treffen, obwohl ein hoher Bedarf für deren Erzeugnisse besteht. Es wurde beschlossen, folgende Betriebe stillzulegen: das Hüttenwerk Siechnice in der Nähe von Wroclaw, die Aluminiumhütte in Skawina und das Kunstfaserwerk in Jelenia Góra.

Obwohl gegenwärtig in Polen nicht nur den Naturwissenschaftlern und Ärzten, sondern der ganzen Gesellschaft sowie auch den staatlichen Behörden die Bedrohung durch die verunreinigte Luft, das verschmutzte Wasser und die vergiftete Erde bewußt ist, sind die ökologischen Perspektiven in Polen wegen der bekannten wirtschaftlichen Lage des Staates nicht optimistisch. Um die ökologische Situation des Landes zu verbessern, müssen sehr große finanzielle Mittel, darunter auch Valutamittel, für die tiefgreifende Restrukturierung und Modernisierung der Industriebetriebe und der von ihnen verwendeten Technologien ausgegeben werden. Es wird verlangt, daß ähnlich wie in den hochentwickelten Industrieländern für den Schutz der natürlichen Umwelt in Zukunft 3% des Nationaleinkommens statt der bisherigen 1,5% aufgewendet werden.

Leider erscheint das Bild der ökologischen Lage in Polen, das ich hier nur skizziert habe, nicht optimistisch. Ich bin aber der Meinung, daß im Rahmen einer solchen internationalen Tagung die ganze Wahrheit und nur die Wahrheit vorgetragen werden sollte.

Internationale Aspekte des Umweltschutzes in Polen

Adam Budnikowski

1. Voraussetzungen für die internationale Zusammenarbeit auf dem Gebiet des Umweltschutzes

Die Teilnahme Polens an der internationalen Zusammenarbeit auf dem Gebiet des Umweltschutzes wird durch zwei Gruppen von Ursachen bestimmt: die ökologischen und die ökonomischen.

1.1 Ökologische Voraussetzungen

Ökologische Voraussetzungen für die Teilnahme Polens an der internationalen Zusammenarbeit auf dem Gebiet des Umweltschutzes kann man auf die gegenseitige Abhängigkeit und Bedrohung zurückführen. Sie gehen hervor aus

- einer für die ganze Menschheit gemeinsamen Abhängigkeit von den Außenbedingungen, ausgelöst von der Stellung der Erde im Weltall sowie von den Gefährdungen des Strahlungsaustausches ('Treibhauseffekt', Vernichtung der Ozonschicht);

- der mit anderen Ländern der Welt und insbesondere Europas kollektiven Nutzung mancher 'gemeinschaftlicher Güter' und der hieraus resultierenden Abhängigkeit von ihrer Benutzungsart (z. B. gemeinsame Nutznießung der Ostsee);

- der Abhängigkeit, welche aus dem grenzüberschreitenden Charakter mancher auf dem Luftwege übertragbaren Verschmutzungen hervorgehen (z. B. radioaktive Verseuchung).

In jeder der genannten Gefährdungsgruppen wird Polen einmal den negativen Auswirkungen der Unterlassungen, welche außerhalb seiner Grenzen stattfinden, ausgesetzt; zum anderen schafft es selbst eine Bedrohung, die die ganze Menschheit oder nur manche Länder betrifft. Da hier unmöglich alle derartigen Abhängigkeiten darzustellen sind, werden wir diese nur an einigen Beispielen erläutern.

Auf dem Gebiet der Gefährdungen des Gleichgewichtes im Strahlungsaustausch zwischen der Erde und ihrer Umgebung wird Polen so wie andere Länder den daraus hervorgehenden Gefahren ausgesetzt (Klimaerwärmung, Erkrankungsanstieg an Hautkrebs usw.). Wegen der im Verhältnis zur Bevölkerungszahl und zum wirtschaftlichen Potential relativ niedrigen Produktion und Anwendung der Verbindungen, welche die Ozonzersetzung beschleunigen, kann man den 'Anteil' Polens an der Vernichtung der Ozonschicht als vergleichsweise begrenzt bezeichnen.

Anders stellt sich dagegen die Rolle Polens als Quelle der Kohlendioxydemission dar (Kohlendioxyd wird für die wichtigste Ursache der Störung im Wärmeaustausch zwischen der Erde und den oberen Atmosphäreschichten gehalten). Der Anteil Polens an der Weltkohlendioxydemission wird nämlich auf 2% in 1985 geschätzt (vgl. World Ressources 1988, S. 336). Er ist also doppelt so hoch wie der Anteil Polens an der Weltproduktion.

In Bezug auf die zusammen genutzten Güter wird Polen ebenso wie andere Länder den negativen Folgen der Verschmutzung der Weltmeere ausgesetzt. Mit Rücksicht auf seine Lage ist Polen jedoch mehr am Zustand der Grenzflüsse (besonders der Oder und des Bugs) und vor allem der Ostsee interessiert. Dieses Interesse für die Ostsee geht vor allem aus der mit anderen Baltenstaaten gemeinsamen Beunruhigung darüber hervor, daß in einem großen Teil der Ostsee das Leben wegen Sauerstoffmangels praktisch im Absterben begriffen ist, aber auch aus der Verschmutzung der Strände an der polnischen Küste. Internationale Abhängigkeiten, die aus der gemeinsamen Nutzung der Ostsee resultieren, veranschaulichen gut die in Abb. 1 dargestellten Angaben, welche den Anteil einzelner Länder an der Verschmutzung dieser See mit Phosphorverbindungen wiedergeben. (Man muß dazu anmerken, daß die Proportionen in Bezug auf die Ostseeverschmutzung mit organischen Verbindungen und mit Stickstoffverbindungen ähnlich aussehen.) Aus der Darstellung geht deutlich hervor, daß Polen den größten Anteil an dieser Verunreinigung trägt.

Die bei der gemeinsamen Nutzung der Grenzflüsse entstehenden Abhängigkeiten haben einen etwas anderen Charakter. In diesem Fall ist Polen nicht die Hauptquelle der Gefährdungen; die ökologische Umwelt dieser Flüsse ist den auf dem Territorium anderer Staaten entstehenden Verschmutzungen ausgesetzt (besonders die Verschmutzung der Oder durch die Tschechoslowakei).

Auf dem Gebiet der Gefährdungen der Umwelt durch Luftverschmutzungen wird Polen einmal den negativen Wirkungen der im Ausland entstandenen Verschmutzungen ausgesetzt. Auf der anderen Seite ist es selbst eine Quelle der Verschmutzungen, welche die Umwelt anderer Länder negativ beeinflußt. Die Situation Polens auf diesem Gebiet stellt sich jedoch in Beziehung zu den drei auf dem Luftwege übertragenen Grundarten der gefährlichen Substanzen radioaktive Verbindungen, Schwefeldioxyd und Stickoxyde unterschiedlich dar.

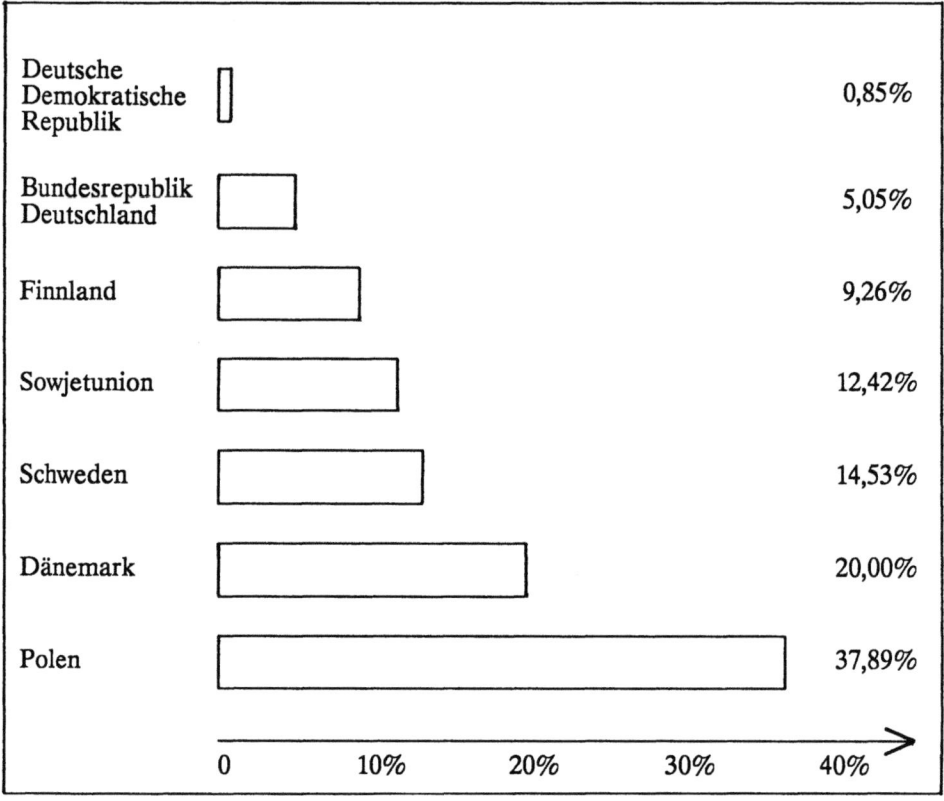

Abb. 1: Anteil einzelne Länder an der Phosphorverschmutzung der Ostsee (Quelle in Anlehnung an: Narodowy Program Ochrony Srodowiska Przyrodniczego do 2010 roku, Warszawa 1988)

Polen besitzt kein Atomkraftwerk und schafft daher für andere europäische Länder keine Gefährdung einer Verseuchung mit radioaktiven Substanzen. Die an Polen grenzenden Länder besitzen Atomkraftwerke, und im Falle von Schweden und der Sowjetunion spielt die Kernenergie eine wesentliche Rolle bei der Deckung ihrer energetischen Bedürfnisse. Ein Teil ihrer Kraftwerke liegt nahe an Polen.

Auf dem Gebiet der grenzüberschreitenden Gefährdungen durch Schwefeldioxyd und Stickoxyde ist die Bilanz der Verluste und Gewinne ausgeglichener. Polen ist nämlich sowohl Exporteur wie auch Importeur des Schwefeldioxyds (siehe Abb. 2 und 3). Sehr ähnlich sehen die Relationen bezüglich der Verschmutzung mit Stickoxyden aus.

Bundesrepublik Deutschland	2,8%
Deutsche Demokratische Republik	3,3%
Dänemark, Jugoslawien	4,8%
Finnland, Norwegen	5,7%
Österreich	7,2%
Ungarn	7,4%
Sowjetunion	9,4%
Rumänien	10,0%
Schweden	10,7%
Tschechoslowakei	12,4%

Abb. 2: Anteil des aus Polen kommenden Schwefels am gesamten Schwefelniederschlag in einzelnen Ländern (Quelle in Anlehnung an: Narodowy Program Ochrony Srodowiska Przyrodniczego do 2010 roku, Warszawa 1988)

Bei der Analyse der Zahlenangaben, die in den Abb. 2 und 3 dargestellt worden sind, sollte man nicht vergessen, daß die grenzüberschreitenden Verschmutzungen durch Schwefeldioxyde von zwei Hauptfaktoren abhängig sind: von der Größe der Emission einer Verschmutzung auf dem Gebiet eines Landes und von der Windrichtung. Wegen der in Europa dominierenden Windrichtung von Westen nach Osten befindet sich Polen in einer ungünstigen Situation. Zwei Nachbarn Polens, die DDR und die Tschechoslowakei, sind große Emissionsquellen von Schwefeldioxyden und Stickoxyden, die bedeutendsten Emissionsgebiete befinden sich nahe ihrer Grenzen.

Land	Anteil
Frankreich	1,0%
Großbritannien	1,0%
Sowjetunion	1,2%
Ungarn	2,7%
Bundesrepublik Deutschland	3,2%
Tschechoslowakei	9,7%
Deutsche Demokratische Republik	20,8%
Polen	52,9%

Abb. 3: Anteil der von einzelnen Ländern kommenden Schwefelverschmutzungen am gesamten Schwefelniederschlag in Polen (Quelle in Anlehnung an: Norwegian Institute for Air Research, Eigene Berechnungen)

Es ist bemerkenswert, daß auch Polen für seine Nachbarn eine große Verschmutzungsquelle von Schwefeldioxyden darstellt. Das betrifft vor allem die Sowjetunion, die Tschechoslowakei, Schweden, Rumänien und Ungarn.

1.2 Ökonomische Voraussetzungen

Möglichkeiten der Teilnahme an der internationalen Zusammenarbeit auf dem Gebiet des Umweltschutzes ergeben sich unmittelbar aus der Umweltschutzpolitik auf dem Territorium eines Landes. Diese Politik hängt in großem Maße von seiner ökonomischen Situation ab, insbesondere von der Höhe des Nationaleinkommens pro Einwohner, von der Wirtschaftsstruktur, vom technologischen Entwicklungsstand und von der Zahlungssituation.

Die Höhe des Volkseinkommens pro Einwohner determiniert die Summe der Ausgaben für den Umweltschutz, welche man ohne Konflikt mit anderen wesentlichen gesellschaftlichen und ökonomischen Zielen für den Umweltschutz festlegen kann. Die Wirtschaftsstruktur und ihr technologischer Entwicklungsstand bestimmen einerseits die Größe der Bedürfnisse auf dem Gebiet des Umweltschutzes, andererseits entscheiden sie über die Möglichkeit der Realisierung der Vorhaben des Umweltschutzes mit eigenen Kräften. Die Zahlungssituation beeinflußt hingegen in entscheidendem Ausmaß die Größe der Ausgaben von Devisen, welche dieses Land für den Umweltschutz zu tragen bereit ist.

Die genannten ökonomischen Faktoren beeinflußen auch die ökologische Politik Polens und demzufolge dessen Anteil an der internationalen Zusammenarbeit auf dem Gebiet des Umweltschutzes. Verglichen mit Industrieländern gibt Polen für den Umweltschutz einen geringeren Teil des Volkseinkommens aus (0,8% in 1987). Dies ist zu wenig im Verhältnis zu den Bedürfnissen, welche man unter Berücksichtigung der Vernachlässigung und des aktuellen Gefährdungsstandes der Umwelt mit 2-3% des Volkseinkommens ansetzen muß. Der Hauptfaktor, welcher die Möglichkeiten einer Erhöhung der Umweltschutzausgaben einschränkt, ist die gleichzeitige Realisierung vieler wichtiger gesellschaftlicher und ökonomischer Ziele (Befriedigung der Nahrungsmittel- und Wohnungsbedürfnisse und Restrukturierung der Wirtschaft).

Die Möglichkeiten der Teilnahme Polens an der internationalen wirtschaftlichen Zusammenarbeit auf dem Gebiet des Umweltschutzes werden auch durch die bestehende Wirtschaftsstruktur und ihr technisches Niveau bestimmt. Den einschränkenden Hauptfaktor bilden hier vor allem der hohe Anteil der Schwerindustrie an der gesamten Industrieproduktion bei gleichzeitiger Unterentwicklung moderner Industriezweige und der sehr hohe Anteil fester Brennstoffe am Energieverbrauch (80%). Eine solche Wirtschaftsstruktur hat einerseits einen entscheidenden Einfluß auf die Größe der Umweltverschmutzungen, insbesondere der grenzüberschreitenden Verschmutzungen, welche auf dem Territorium Polens entstehen (z. B. Schwefeldioxyd). Andererseits begrenzt die Wirtschaftsstruktur die Möglichkeiten der Entwicklung der Produktion moderner Umweltschutzeinrichtungen. Beide Faktoren schränken in wesentlichem Maße auch die Möglichkeiten Polens ein, den Verbindlichkeiten nachzukommen, welche aus den internationalen Verträgen hervorgehen (z. B. die Teilnahme Polens am 'Klub 30%').

Ein wichtiger Faktor, welcher die Möglichkeiten der Teilnahme Polens an der internationalen Zusammenarbeit auf dem Gebiet des Umweltschutzes bestimmt, ist seine Zahlungssituation. Die außerordentlich hohe Verschuldung im Ausland (39,2 Mrd. Dollar) und die damit verbundene Notwendigkeit, ungefähr 1/3 vom Export in den Westen für die Bedienung der Schuld aufzuwenden, hat zur Folge, daß Polen nur beschränkte Möglichkeiten besitzt, für den Umweltschutz Devisen auszugeben. Da der Import entsprechender technischer Einrichtungen oft eine Bedingung der Vorbeugung vor ökologischen Gefährdungen ist, begrenzt der Devisenmangel die Wirksamkeit der Umweltschutzpolitik.

Der Druck der Zahlungsschwierigkeiten erzeugt auch Gefährdungen, welche mit der Gewinnung von Devisen zu hohen ökologischen Kosten zusammenhängen. Dazu zählen u. a. die (nicht gelungenen) Versuche der Einfuhr gefährlicher Abfälle nach Polen oder die Ausfuhr von Waren, deren Produktion mit großer Gefährdung für die Umwelt verbunden ist (z. B. der Export der Elektroenergie, des Schnittholzes usw.).

2. Zusammenarbeit Polens mit dem Ausland auf dem Gebiet des Umweltschutzes

Man unterscheidet drei Hauptbereiche der Zusammenarbeit Polens mit dem Ausland auf dem Gebiet des Umweltschutzes:

(1) das Sammeln und Zugänglichmachen der Informationen zum Thema Umweltschutz,

(2) die Teilnahme an internationalen Abkommen und

(3) die wissenschaftlich-technische Zusammenarbeit.

2.1 Umweltschutzinformationen

Den Stand der Zusammenarbeit mit anderen Ländern auf diesem Gebiet kann man nur zum Teil als zufriedenstellend bezeichnen. Vor allem läßt das in Polen bestehende System des Umweltmonitorings nur teilweise den wirklichen Stand der Umweltgefährdungen erkennen. In manchen Fällen kann der Mangel an vollständiger oder richtig verarbeiteter Information bewirkenen, daß man Polen einen zu großen Anteil an der Verschmutzung mancher zusammen genutzter Güter zuschreibt. Ausländische Partner verweisen auch auf die wirkliche und z. T. nur scheinbare Unvollständigkeit der gesammelten Angaben. Der Hauptgrund dieses Zustandes ist der Mangel an entsprechenden technischen Mitteln zum Monitoring der Umwelt.

Jedoch nimmt Polen trotz bestehender Einschränkungen an zwei auf Initiative der Europäischen Wirtschaftskommission der UNO berufenen internationalen Monitoringsystemen der atmosphärischen Luft teil. Außerdem ist Polen im Rahmen der Helsinki-Kommission an den Untersuchungen der Ostsee-Sauberkeit und im Rahmen der Verträge mit der DDR, der Tschechoslowakei und der Sowjetunion an der Bestimmung des Sauberkeitsgrades der Grenzflüsse beteiligt. Es ist auch zu betonen, daß in Polen seit einigen Jahren sehr genaue statistische Daten zum Thema der Umweltgefährdung (was in Europa nicht die Regel ist) veröffentlicht werden.

Polen hat Zugang zu den Angaben über Umweltgefährdungen, welche im Rahmen des Systems internationaler Organisationen gesammelt oder durch westliche Forschungszentren veröffentlicht werden. Wegen der Kosten dieser Veröffentlichungen erreichen die Angaben oft jedoch nur einen engen Empfängerkreis und können im Zusammenhang damit nicht richtig ausgenutzt werden. Ein großes Hindernis, welches die internationale Zusammenarbeit auf dem Gebiet des Umweltschutzes erschwert, ist auch die Tatsache, daß drei Nachbarländer Polens (die Sowjetunion, die Tschechoslowakei und die DDR) nur sehr fragmentarische Angaben zu ihrer Umwelt und besonders zur Quelle der Gefährdungen veröffentlichen.

2.2 Teilnahme an internationalen Konventionen

Die internationale Zusammenarbeit, welche den Schutz der gemeinsam genutzten Güter und die grenzüberschreitenden Verschmutzungen betrifft, wird durch die folgenden Verträge und internationalen Abmachungen bestimmt (siehe Abb. 4).

Man kann feststellen, daß Polen an einer Reihe von mehrseitigen Konventionen teilnimmt. Unter den Konventionen von fundamentaler Bedeutung für die Aufrechterhaltung des ökologischen Gleichgewichtes ist Polen jedoch nur an der Konvention über das Verbot der Nuklearwaffentests sowie über die biologischen und toxikologischen Waffen beteiligt. Polen hat die Konvention über die Vorbeugung der Zerstörung der Ozonschicht und auch einige Konventionen über den Tierschutz nicht unterzeichnet.

Ungünstig stellt sich auch die Teilnahme Polens an den Konventionen über die grenzüberschreitenden Verschmutzungen der Luft dar. Polen gehört nämlich nicht zum 'Klub 30%', d. h. zu den Ländern, welche sich verpflichtet haben, bis 1993 die Schwefeldioxydemission um 30% herabzusetzen. Außerdem schloß sich Polen nicht der Ländergruppe an, die eine Deklaration über die freiwillige Herabsetzung der Stickoxyde um 30% unterzeichnete, obwohl es sich verpflichtet hatte, die Stickoxydemission nicht zu erhöhen (Protokoll von Sofia).

Eine große Bedeutung für Polen haben auch die zwei- und dreiseitigen mit seinen Nachbarn unterzeichneten Abkommen. Auf dem Gebiet des Schutzes der Grenzflüsse sind die Abkommen mit der Tschechoslowakei (1958), der DDR (1959), (1965) und der Sowjetunion (1964) zu nennen, auf dem Gebiet des Schutzes der Luft die Abkommen mit der Tschechoslowakei (1974) und der DDR (1973). Es ist jedoch zu betonen, daß die bis vor kurzem bestehenden rechtlichen Regelungen auf diesem Gebiet, und hier besonders die mit der DDR und der Tschechoslowakei getroffenen Vereinbarungen, angesichts der gemeinsamen Umweltgefährdung nicht ausreichend waren. Daher ist das 1989 in Wroclaw unterzeichnete dreiseitige Abkommen über den Umweltschutz an Berührungspunkten der Grenzen Polens, der DDR und der Tschechoslowakei zu begrüßen.

Vereinbarung oder Abkommen	Ort und Jahr	Teilnahme Polens
Betreffend die zusammen genutzten Güter:		
Konvention über den Schutz der Sumpfgebiete	Ramsar 1971	ja
Konvention über das Welterbe	Paris 1973	ja
Konvention über die gefährdeten Tierarten	Washington 1973	nein +
Konvention über den Schutz der Wandertiere	Bonn 1979	nein
Konvention über die Meeresverschmutzung	London 1972	ja
Konvention über die Verschmutzungen durch Schiffe	London 1978	ja
Meeresrecht	Montego Bay 1978	nein
Konvention über den Schutz der europäischen Natur und der natürlichen Biotope	Bern 1979	nein +
Konvention über den Schutz der Meeresumwelt der Ostsee	Helsinki 1974	ja
Deklaration der 9. Kommission von Helsinki über die Herabsetzung der in die Ostsee abgeführten Verschmutzungen um 50%	Helsinki 1988	ja
Konvention über den Schutz der Ozonschicht	Wien 1987	nein
Protokoll über die die Ozonschicht schädigenden Substanzen	Montreal 1987	nein
Konvention über die rechtliche Regelung der Tätigkeit, welche die Bodenschätze der Antarktis betrifft	Wellington 1989	nein +
Betreffend die grenzüberschreitenden Verschmutzungen:		
Konvention über das Verbot von Kernwaffentests	Moskau 1963	ja
Konvention über grenzüberschreitende Verschmutzungen der Luft auf größere Entfernungen	Genf 1979	ja
Protokoll 30% SO$_2$	Helsinki 1985	nein
Protokoll NO$_x$	Sofia 1988	nein +
Deklaration NO$_x$ 30%	Sofia 1988	nein
Konvention über die Kontrolle der grenzüberschreitenden Verlagerung gefährlicher Abfälle und deren Unschädlichmachung	Basel 1988	nein

+ = unterzeichnete, aber nicht ratifizierte Konventionen

Abb. 4: Teilnahme Polens an mehrseitigen internationalen Abkommen auf dem Gebiet des Umweltschutzes (vgl. World Ressources 1988/Materialien des Ministeriums für Umweltschutz und Bodenschätze)

2.3 Wissenschaftlich-technische Zusammenarbeit

Seit vielen Jahren legt Polen sehr großen Wert auf diejenige Form der Zusammenarbeit, welche in den EKG-Dokumenten der UNO und der RGW als wissenschaftlich-technische Kooperation bezeichnet wird. Die Zusammenarbeit Polens auf diesem Gebiet hat etwas anderen Charakter hinsichtlich der internationalen Organisationen einerseits und der RGW-Länder andererseits. Auf dem Forum der UNO, der EWK der UNO und UWEP lanciert Polen seit vielen Jahren die Idee des freien Durchgangs der Technologien. Dies führte dazu, daß in der Einführung zu den Deklarationen dieser Organisationen der internationale Austausch der Umwelttechnologien gefordert wurde. Die wissenschaftlich-technische Zusammenarbeit auf dem Gebiet des Umweltschutzes im Rahmen des RGW beruht hingegen auf der Aufnahme gemeinsamer, eventuell koordinierter wissenschaftlicher Forschungen. Die Resultate dieser Forschungen haben bis jetzt nur eine begrenzte praktische Anwendung gefunden, weil sie sich sehr oft nur auf die einführenden Forschungsphasen beschränken und außerdem nicht den grenzüberschreitenden Charakter vieler ökologischer Gefährdungen berücksichtigen.

3. Möglichkeiten der Teilnahme des Auslands an der Realisierung des Umweltschutzprogramms in Polen

Es gibt viele Zeichen, welche vom wachsenden Interesse ausländischer Partner an der Finanzierung der Umweltschutzprogramme in Polen zeugen. Als einige Beispiele aus jüngster Zeit seien die Übergabe von modernen Meßapparaturen durch Holland, die Vereinigten Staaten und Norwegen sowie die Deklaration von Präsident Bush über die Hilfe beim Umweltschutz im Gebiet um Krakau genannt.

Am meisten fortgeschritten sind die mit dem 'Projekt Wisa' verbundenen Arbeiten. Seine Autoren, Mitglieder der 'Schwedisch-Polnischen Gesellschaft für den Umweltschutz', bemühen sich seit längerer Zeit darum, die Öffentlichkeit und die Regierung Schwedens davon zu überzeugen, daß die finanzielle Unterstützung der Gewässerschutzorgane in Polen auch aus der Sicht eines schwedischen Steuerzahlers ein rationelles Unterfangen ist. Sie kann nämlich zu einer Verbesserung der Ostseereinheit bei kleineren Ausgaben führen. Jeder zusätzliche Dollar, der in die Gewässersanierung investiert wird, bringt nämlich ein besseres Resultat, wenn die Kläranlage an einem

Platz höherer Schmutzkonzentration lokalisiert wird. Auch wenn man die Idee einer Teilnahme des Auslands an der Finanzierung des von Polen realisierten Umweltschutzprogramms voll akzeptiert, sollte man jedoch die mit der Realisierung derartiger Vorhaben verbundenen Schwierigkeiten, welche sowohl ausländische Partner als auch Polen betreffen, nicht vergessen.

Vor allem muß man die Tatsache beachten, daß es wenigstens vier Gruppen gibt, die an der Realisierung des Umweltschutzprogramms in Polen interessiert sind. Dies sind außerhalb der Regierung stehende ökologische Organisationen, Regierungsnebenstellen, die sich mit dem Umweltschutz beschäftigen, internationale Finanzinstitutionen (die Weltbank, die Nordische Bank) und private Unternehmen. Es gibt drei hauptsächliche Beweggründe der Teilnahme an der breitgefächerten ökologischen Hilfe für Polen: die Sorge um die Aufrechterhaltung des ökologischen Gleichgewichtes in der Welt bzw. der Region, die Zweckmäßigkeit von Aktionen auf dem Gebiet des Umweltschutzes, welche zur Vorbeugung der Verschmutzung an ihrer Quelle dienen, sowie der Wille, aus dem Verkauf der Umweltschutzanlagen nach Polen Profit zu ziehen.

Unter gewisser Vereinfachung kann man sagen, daß der erste Beweggrund bei der Tätigkeit der außerhalb der Regierung stehenden ökologischen Organisationen dominiert. Er ist jedoch auch ursächlich für die Tätigkeit der Regierungsstellen, welche für den Umweltschutz verantwortlich sind, sowie der Finanzorganisationen. Der zweite Beweggrund dominiert in der Tätigkeit der Regierungsstellen und der Finanzorganisationen, er wird auch aber durch die außerhalb der Regierung stehenden ökologischen Organisationen akzeptiert. Das dritte Motiv dominiert bei der Tätigkeit privater Unternehmen, es wird aber sowohl durch die Regierungsstellen und ökologischen Organisationen als auch durch internationale Finanzorganisationen akzeptiert.

Bei der Realisierung von Umweltschutzprojekten sollte Polen sowohl die Teilnahme der genannten Gruppen als auch die sie dazu bewegenden Gründe akzeptieren. Man sollte sich jedoch bewußt sein, daß die Akzeptanz der Teilnahme des Auslands an der Finanzierung des Umweltschutzes Polen vor bestimmte Anforderungen stellt sowie gewisse Gefahren birgt. Vor allem sind die Bedingungen zu schaffen, welche den Interessierten die volle Orientierung über den Zustand der Umwelt in Polen und über die Skala der bestehenden Bedürfnisse erleichtern. Diese betreffen

- eine größere Durchlässigkeit der Information zum Thema der Umweltgefährdung in Polen,

- die Vervollkommnung des bestehenden Systems des Umweltmonitorings durch bessere Ausstattung mit technischen Mitteln,

- die Bestimmung der Nachfrage Polens nach ausländischer Technologie, welche dem Umweltschutz dient, sowie die Festlegung der Prioritäten auf diesem Gebiet und der Möglichkeiten, eine eigene Produktion dieser Einrichtungen in Kooperation mit ausländischen Firmen aufzunehmen.

Außerdem sollte Polen die allgemeine Forderung ausländischer Partner akzeptieren, daß ihre Partner in der Realisierung konkreter Unterfangen auf polnischer Seite auch die außerhalb der Regierung stehenden Organisationen werden können (Polnischer Ökologischer Klub, Stiftungen usw.). Eine solche Lösung schließt zwar die Regierung aus der unmittelbaren Projektleitung aus, sie eliminiert sie jedoch nicht. Die Realisierung der Projekte sollte nämlich nach polnischem Recht stattfinden. Man sollte auch nicht vergessen, daß die polnische Regierung (z. B. durch die Teilnahme an der Ökokonversion) neben den Regierungen anderer Länder in die Finanzierung der Umweltschutzprogramme einzubeziehen sein wird. Die ausländischen Partner erhalten dadurch die Möglichkeit, nicht nur die Benutzungsweise der Mittel zu kontrollieren, sondern auch ihren Zufluß einzustellen.

In diesem Zusammenhang sind auch die Möglichkeiten der Verschuldungskonversion auf Kapitaleinlagen (debt-for-equity-swaps) auszunutzen. Polen sollte ferner bedeutende Steuererleichterungen für ausländische Firmen einführen, welche an einer Kooperation mit der Umweltschutzanlagen produzierenden Industrie in Polen interessiert sind. Dieses Postulat betrifft übrigens auch die Regierungen jener Länder, deren Kapital in den Umweltschutz in Polen fließt.

Man sollte sich dessen bewußt sein, daß Polen durch die Annahme des Angebots der ausländischen Teilnahme an der Realisierung des nationalen Umweltschutzprogramms zusätzliche, manchmal bedeutende Ausgaben in Zloty tätigen muß, was höhere Inflation nach sich ziehen kann. Das betrifft vor allem die Programme, welche im Rahmen der sogenannten Ökokonversion (debt-for-nature-swaps) realisiert werden. Außerdem sollte man nicht vergessen, daß auch die Anweisung bestimmter Mittel in Zloty die Realisierungsmöglichkeiten eines bestimmten Umweltschutzprogramms nicht vergrößern kann, wenn nicht ein zusätzlicher Zustrom an Devisen (vermutlich in Höhe von einem Drittel der gesamten Summe der notwendigen Mittel) erfolgt.

Da die Ökokonversion allein solche Mittel nicht garantiert, müßte man sich in jedem Fall eines durch das Ausland finanzierten Programms versichern: am besten in der Form einer ausländischen Dotation. In Hinsicht auf die Verschuldungsgröße dürfte Polen eigentlich keine Kredite aufnehmen, welche keine Exporteingänge erbringen, also auch keine Kredite für die Finanzierung des Umweltschutzes. Eine Ausnahme kann hier nur das Aufnehmen der Restrukturierungsprogramme der Wirtschaft bilden, die eine Verminderung ökologischer Gefährdungen mit sich ziehen.

Abschließend ist darauf hinzuweisen, daß die Finanzierung des Umweltschutzes in Polen und anderen osteuropäischen Ländern in wirtschaftliche Hilfsprogramme einzubeziehen ist, die durch die EG-Länder vorbereitet werden. Auch in ökologischer Hinsicht stellt Europa eine Einheit dar.

Betrieblicher Umweltschutz am Beispiel des Krakauer Industriegebietes

Aleksy Pocztowski

1. Einleitung

1.1 Ökologische Bestandsaufnahme

Polen gehört zu den ökologisch stark betroffenen Ländern Europas. Schädliche Einflüsse der Industrie wirken sich negativ bei allen Hauptelementen der Natur (Wasser, Luft, Boden) aus. Um nur ein Beispiel zu nennen: 10,3% der gesamten Landesfläche, bewohnt von 12,3 Mio. Einwohnern, gilt als ökologisch gefährdetes Gebiet (vgl. Guminski 1988, S. 57). Die Ursachen dieses Umweltzustandes sind einerseits in negativen Auswirkungen bisheriger Industrieentwicklung, wie z. B. fehlerhafter Standortbestimmungen vieler Industrieinvestitionen und fehlender Ausstattung mit Umweltschutzmitteln in einzelnen Unternehmen, andererseits in aus dem Ausland stammenden Immissionen schädlicher Stoffe zu sehen. Einige Regionen sind von dieser Entwicklung besonders stark betroffen, darunter auch die Stadt Krakau und Umgebung.

1.2 Krakauer Industriegebiet

Die Wojewodschaft Krakau nimmt 1% der gesamten Landesfläche ein, hier wohnen 3,2% der Bevölkerung Polens. Die Stadt bildet ein wichtiges wissenschaftliches, kulturelles und industrielles Zentrum. Hier befinden sich u.a. eine der ältesten Universitäten Europas (gegründet 1364) und andere Hochschulen (insgesamt 11), viele Theater, Museen und eine historische Altstadt, aber auch eine Reihe von Industrieunternehmen. Im Krakauer Industriegebiet wird 3,5% des Gesamtproduktes Polens erwirtschaftet.

Die Industriestruktur in Krakau ist nicht nur veraltet, sondern steht auch im Widerspruch zum Charakter der Stadt. Es dominiert hier die Schwerindustrie, was negative Konsequenzen für die Stadt, ihre Einwohner und die Umwelt hat. Diese Industrie 'produziert' 7% der Industrieabwässer, 7% der Stäube, 11,5% der Gase und 5% der Industrieabfälle Polens (vgl. Byrski/Górka 1989, S. 9). Im Vergleich zum Anteil der Landesfläche bedeutet das eine sehr hohe Konzentration schädlicher Stoffe. Negative Auswirkungen sind immer stärker bei den Menschen (erhöhtes Erkrankungsrisiko), bei der alten Bausubstanz, in der Landwirtschaft und in der Industrie selbst (beschleunigte Korrosion von Maschinen und Ausrüstungen, Verluste bei Rohstoffen und Halbprodukten sowie der Produktqualität) zu beobachten. Es wird geschätzt, daß die Verluste rund 40% vom Wert der gesamten Nettoproduktion der Industrie in Krakau ausmachen. Diese schädlichen Einflüsse werden noch vom schlesischen Industrierevier verstärkt. Detaillierte Ursachenanalysen würde den Rahmen dieses Beitrages sprengen, deshalb soll diese kurze Schilderung lediglich den Hintergrund des gegenwärtigen Umweltzustandes in Krakau zeigen, einer Stadt, die zu den *ökologisch gefährdeten* Gebieten gehört.

2. Verhalten der Industrieunternehmen

2.1 Unternehmensziele und Umweltschutz

Zu den unmittelbaren Verursachern der unter Punkt 1.2 gezeigten ökologischen Schäden gehören Industrieunternehmen. Deshalb erscheint die Frage nach Motiven ihres Verhaltens, nach Zielen ihrer Aktivitäten und überhaupt nach dem Sinn ihrer Existenz als berechtigt.

Als Hauptziel der staatlichen Unternehmen in Polen läßt sich das *Gewinnstreben* bei den von ihnen erzeugten Produkten und Dienstleistungen und den übrigen Arten der unternehmerischen Tätigkeit definieren. Dieses Hauptziel, dessen Realisierung die Entwicklung des Unternehmens in einem längeren Zeitraum gewährleisten soll, kann man in eine Reihe von untergeordneten Teilzielen desaggregieren, wie z. B.:

- Erhöhung der Quantität und Qualität der Produktion,
- Verbesserung der Wirtschaftlichkeit,
- Einführung von Innovationen,
- Erhöhung des Qualifikationspotentials und der Arbeitsmotivation,
- Umweltschutz.

Grundlage der finanziellen Beurteilung eines Unternehmens bildet das Betriebsergebnis, verstanden als Differenz zwischen der Betriebsleistung und deren Kosten. Die Reduzierung umweltschädlicher Emissionen und Abfällen ist mit gewissen Kosten verbunden, was einen Widerspruch mit dem Hauptziel darstellen kann. Das führt zur Betrachtung des Umweltschutzes als einer Barriere der Unternehmensentwicklung.

Dieser Zusammenhang wurde auch durch die Ergebnisse einer empirischen Untersuchung bestätigt (vgl. Piontek 1989, S. 20).

Dieser Betrachtung des Verhältnisses zwischen dem Gewinnstreben eines Unternehmens und dem Umweltschutz liegt eine bestimmte Managementphilosophie zugrunde. Ihr entsprechend wird die Natur als ein strategischer Faktor des Unternehmens begriffen, und zwar im Sinne einer Gewinnmaximierung bei Nichtbeachtung oder nicht genügender Beachtung der Umweltschutzgebote. Bei dieser Art der Betrachtung werden die entstehenden ökonomischen und ökologischen Verluste meistens nicht berücksichtigt.

2.2 Betrieblicher Umweltschutz - eine Reaktion auf rechtliche Auflagen

Aus der bisherigen Praxis in Polen kann man ableiten, daß alle Aktivitäten von Unternehmen, die auf Erhaltung, Verbesserung und Schutz der Natur gerichtet sind, in erster Linie auf gesetzliche Auflagen und überbetriebliche Normen und nicht auf die Überzeugung des Managements zurückzuführen sind. Das führt dazu, daß unter den betrieblichen Umweltschutzmaßnahmen diejenigen dominieren, die auf die notwendige Einschränkung des Einflusses umweltschädlicher Industrieabfälle gerichtet sind. Es handelt sich hier also um die Einschränkung der Folgen und nicht um die Beseitigung der Ursachen. Im Laufe der durchgeführten empirischen Untersuchungen hat sich herausgestellt, daß unter 472 Umweltschutzinvestitionen, die in der Wojewodschaft Krakau für den Zeitraum 1981-1990 vorgesehen sind, nur drei mit der Modernisierung der technologischen Prozesse verbunden sind (vgl. Byrski/Górka 1989, S. 14). Den überwältigenden Rest bilden typische Maßnahmen des *passiven Umweltschutzes.*

Man erhält eine Erklärung dieses Sachverhaltes, indem man den Platz der Umweltschutzausgaben in der Kosten-Nutzen-Rechnung eines Unternehmens verfolgt. Empirische Untersuchungen haben gezeigt, daß der prozentuale Anteil der mit dem Umweltschutz zusammenhängenden Ausgaben bei 80% der untersuchten Unternehmen zwischen 0,1 und 0,9% liegt. Bei den übrigen 20% ist er nicht viel höher als 1% (vgl. Borkowska/Korycka-Bien/Stachurka-Geller 1988, S. 94). Das bedeutet, daß es sich für ein Unternehmen lohnt, entsprechende Abgaben und auch Strafen für die Nichteinhaltung von Umweltschutznormen zu zahlen, statt wirksamere, aber auch kostspielige Innovationen im Bereich der Produkte und Technologien einzuführen.

3. Förderung des Umweltschutzes

3.1 Neue Managementphilosophie

Dem Schutz der Natur vor schädlichen industriellen Einflüssen dient eine ganze Reihe von Strategien und konkreten Maßnahmen. Der Änderung bisheriger Verhaltensweisen der Unternehmen gegenüber der sie umgebende Natur muß eine *neue Managementphilosophie* zugrunde gelegt werden, aus der dann andere, umweltfreundliche Verhaltensweisen der Unternehmen resultieren. Die Natur darf also nicht mehr rein technisch-ökonomisch und nur als ein Faktor der Gewinnmaximierung gesehen werden, sondern muß gesellschaftlich-ökologisch betrachtet werden, als grundlegende Bedingung der menschlichen Existenz heute und morgen (vgl. Kassenberg/Marek 1988, S. 35). Nur dann werden wir erwarten können, daß ökologische Ziele stärker in die strategische Unternehmensplanung eingebettet werden. Der praktischen Durchsetzung dieser ökologischen Ziele dienen verschiedene Maßnahmen, auf die wir im folgenden eingehen wollen.

3.2 Vermittlung von ökologischem Fachwissen

Die Vermittlung des fachlichen Wissens auf dem Gebiet des Umweltschutzes dient als ein Instrument der notwendigen Bewußtseinsbildung. Eine Voraussetzung dafür bildet die wissenschaftliche Forschung und auf deren Grundlage entstehende Veröffentlichungen. Von großer Bedeutung für die Verbreitung ökologischer Ideen sind auch gesellschaftliche Organisationen. Es ist an dieser Stelle auf die Tätigkeit des Polnischen Ökologischen Klubs aufmerksam zu machen, der in Krakau besonders aktiv ist. Infolge seiner Aktivitäten und auch der Bemühungen anderer Institutionen, insbesondere der Hochschulen, können wir heute über ein zunehmendes Bewußtsein der Wichtigkeit des Umweltschutzes sprechen, auch im Vergleich zu anderen dringenden Bedürfnissen.

3.3 Anreize zu umweltfreundlichem Verhalten

Impulse zum Ergreifen von Umweltschutzmaßnahmen können vom Unternehmen selbst und vom Staat ausgehen. Zu staatlichen Instrumenten der Steuerung gehören:

- Abgaben für Wasserentnahme, Abwasserabführung und Schadstoffemissionen,
- Strafen im Falle der Nichteinhaltung von Umweltschutznormen,
- ökologische Fonds, mit denen finanzielle Mittel für die Förderung der Umweltschutzinvestitionen gesammelt werden,
- steuerliche Erleichterungen und
- administrative Steuerungsmaßnahmen.

Unternehmen können auch freiwillig Umweltschutzaktivitäten betreiben. Dazu muß aber die Überzeugung vorhanden sein, daß Umweltschutz nicht nur zusätzliche Kosten einschließt, sondern auch eine Möglichkeit der Hauptzielrealisierung darstellt. Nur dann ist eine Abwendung von gegenwärtigen Handlungspraktiken zu erwarten. Diese Probleme bilden in wachsendem Maße auch einen Forschungsgegenstand an den polnischen Hochschulen. An der Akademie für Ökonomie in Krakau sind z. B. konkrete Vorschläge zur Berücksichtigung ökologischer Zielsetzungen in der Unternehmensplanung ausgearbeitet worden.

Eine wichtige Rolle bei der Förderung innerbetrieblicher Umweltschutzaktivitäten haben die einzelnen Unternehmensorgane zu erfüllen. Zu ihren Aufgaben gehören insbesondere die:

- Kontrolle der Einhaltung von Umweltschutznormen,
- Initiation jeglicher Umweltschutzaktivitäten,
- Vermittlung der Informationen über Umweltschutz,
- Mitwirkung bei der Investitionsplanung.

Aus den bislang durchgeführten empirischen Untersuchungen geht hervor, daß diese Aufgaben in einzelnen Unternehmen sehr unterschiedlich wahrgenommen werden (vgl. Piontek 1989, S. 178-184).

3.4 Strukturelle Veränderungen

Alle Maßnahmen, die mit Veränderungen bestehender Strukturen verbunden sind, gehören zu den zwar sehr wirksamen, jedoch bisher unterschätzten Umweltschutzmaßnahmen. Mit strukturellen Änderungen können u. a. umweltbelästigende Produkte, Verfahren, Betriebsteile, Unternehmen und ganze Industriezweige eingeschränkt oder eliminiert werden. Deshalb sollten bei der Planung der strukturellen Umgestaltung in Unternehmen neben Kriterien wie Rohstoffintensität und Energieintensität der Produktion auch solche berücksichtigt werden, die auf den Umweltschutz selbst gerichtet sind (vgl. Jankowska-Klapkowska 1988, S. 75).

Aus der Sicht des Umweltschutzes sind auch organisatorische Dezentralisierungsprozesse als günstig zu beurteilen.

4. Ausblick

Wenn man als vorrangiges Ziel des betrieblichen Umweltschutzes die Herstellung der *Verträglichkeit zwischen Ökonomie und Ökologie* versteht, muß man eingestehen, daß ökologische Ziele in der betriebswirtschaftlichen Theorie und vor allem in der Praxis noch nicht ausreichend berücksichtigt werden. Es ist jedoch ein schnell wachsendes Bewußtsein über die Bedeutung dieser Probleme zu verzeichnen. Dies spiegelt sich u. a. auch in der vorliegenden Konzeption zur Umgestaltung der Krakauer Industrie wider.

Der Umweltschutz gehört nach dieser Konzeption zu den wichtigsten Kriterien der geplanten Umgestaltung industrieller Strukturen.

Literaturverzeichnis

Borkowska, E./Korycka-Bien, K./Stachurka-Geller, M.: Oplaty za zanieczyszczenie powietrza atmosferycznego oraz wód jako instrument ochrony srodowiska (Abgaben für Luft- und Wasserverschmutzung als ein Instrument des Umweltschutzes), in: Ginsbert-Gebert, A. (Hrsg.): Ekonomiczne i socjologiczne problemy ochrony srodowiska, tom II, Wroclaw 1988, Sp. 93-103

Byrski, B./Górka,K.: Pozadany ksztalt przemyslu krakowskiego. Kierunki restrukturalizacji (Erwünschte Struktur der Krakauer Industrie. Richtungen der Restrukturierung), Kraków 1989

Guminski, R./Wilczynski, P.: Ochrona srodowiska w warunkach reformy gospodarczej (Umweltschutz unter den Bedingungen der Wirtschaftsreform), in: Ginsbert-Gebert, A. (Hrsg.): Ekonomiczne i socjologiczne problemy ochrony srodowiska, tom II, Wroclaw 1988, Sp. 57-69

Jankowska-Klapkowska, A.: Ekologiczne uwarunkowania zmian struktur produkcji (Ökologische Bedingungen für Veränderungen der Produktionsstruktur), in: Ginsbert-Gebert, A. (Hrsg.): Ekonomiczne i socjologiczne problemy ochrony srodowiska, tom II, Wroclaw 1988, Sp. 71-80

Kassenberg, A./Marek, M.: Ekorozwoj - istota i realnosc (Ökoentwicklung - das Wesen und die Wirklichkeit), in: Ginsbert-Gebert, A. (Hrsg.): Ekonomiczne i socjologiczne problemy ochrony srodowiska, tom II, Wroclaw 1988, Sp. 35-55

Piontek, F. (Red.): Ekologiczne uwarunkowania rozwoju przedsiebiorstw (Ökologische Bedingungen der Entwicklung von Unternehmen), Wroclaw 1989

Zusammenfassende Bestandsaufnahme

und Ausblick

Hartmut Kreikebaum

Im Rahmen einer zusammenfassenden Bewertung ist zunächst ein Fazit zu ziehen. Dieses stützt sich sowohl auf die im Tagungsband enthaltenen Texte wie auch auf die intensiv geführten Diskussionen im Anschluß an jeden Vortrag und in den beiden Arbeitsgruppen am Schluß der Veranstaltung. Resümiert man die wichtigsten Ergebnisse des Symposiums, so lassen sich zusammenfassend und vereinfachend folgende Aussagen treffen.

Erstens bestehen (noch immer) gewisse Abgrenzungsschwierigkeiten bei der Festlegung von Inhalt und Aufgabenfeldern des integrierten Umweltschutzes. Nach Strebel gehören auch die Vorstufen analysierter Prozesse und deren Folgestufen, d. h. die Konsumvorgänge, zum Gegenstandsbereich des integrierten Umweltschutzes. Eine enge Definition grenzt dagegen integrierte Technologien gegenüber end of pipe-Technologien ab und bezieht sich ausschließlich auf den innerbetrieblichen Produktionsvorgang. Beide Begriffsauslegungen erscheinen jedoch als Arbeitsdefinitionen geeignet, in Abhängigkeit von dem verfolgten Zweck und der jeweiligen Betrachtungsweise. Im Rahmen einer umfassenden Definition ließen sich auch noch die Nachsorgetechnologien zum integrierten Umweltschutz zählen. Eine solche weite Auslegung des Begriffs sorgt allerdings für eine gewisse Unschärfe und läßt den eigentlichen Schwerpunkt der Integration ökologischer Überlegungen in den Produktionsprozeß selbst in den Hintergrund treten.

Ebenso wie der Begriff des 'integrierten Pflanzenbaus' für eine umweltbewußte Landwirtschaft steht, bei der Pflanzenschutz bereits mit der Bodenbearbeitung und den Fruchtfolgeüberlegungen beginnt und nicht erst mit dem Ausbringen von Pflanzenschutzmitteln einsetzt, zielt integrierter betrieblicher Umweltschutz darauf ab, die Umweltbelastungen bereits an der Quelle zu verringern und möglichst auszuschalten. Die Entwicklung bioabbaubarer Verpackungsmaterialien sorgt z. B. dafür, daß Abfallprobleme gar nicht erst entstehen.

Zweitens beeindruckte die weitgehende Übereinstimmung der Sachverständigen aus Ost- und Westeuropa, die sich keineswegs nur auf die Notwendigkeit von integrierten Umweltschutzmaßnahmen bezog. Über die Grenzen der unterschiedlichen Wirtschaftsordnung hinweg zeichnete sich ein allgemeiner Konsens der verschiedenen Auffassungen ab, die den integrierten Umweltschutz als zukunftsweisende Technologie ansehen. Um hier zu einer zwischen- oder suprastaatlichen und damit zur echten Zusammenarbeit zu gelangen, bedarf es allerdings noch einiger wichtiger Vorarbeiten, die die Vereinheitlichung von Sprache und Terminologie ebenso betreffen wie die Grundhaltung zum Umweltschutzgedanken überhaupt.

So überzeugend jedoch die Argumente sind, die für eine verstärkte europäische und internationale Anwendung des integrierten Umweltschutzes vorgetragen werden, so deprimierend erscheinen auf der anderen Seite die administrativen, in bestehenden Genehmigungsverfahren enthaltenen Hindernisse. In der Diskussion war die Rede von einem 'Genehmigungswirrwarr', resultierend aus der Unübersichtlichkeit der vorhandenen Gesetze, Auflagen und Bestimmungen. Deshalb wurde die Forderung nach einem klareren umweltpolitischen Gesetzesrahmen und nach sogenannten 'integrierten Behörden' erhoben, d. h. nach einer Zusammenfassung von behördlichen Entscheidungsinstanzen zur Optimierung und Verkürzung von Genehmigungsverfahren. Wünschenswert erscheinen deshalb eine größere Flexibilität und Innovationsfreundlichkeit der Genehmigungsbehörden. Dies auch deshalb, weil die Verwirklichung der deutschen Einheit einen engagierten, zügigen Transfer von prozeßbezogenem Knowhow, Kapital und Personalkapazitäten von West nach Ost einschließt.

Drittens ist sichtbar geworden, daß die Komplementarität zwischen ökologischen, technologischen und ökonomischen Zielen in Ost und West zunimmt. Insbesondere am Beispiel des aktiven oder offensiven Umweltschutzes wurde deutlich, daß Produkte des integrierten Umweltschutzes in Zukunft auf einen breit gestreuten Bedarf stoßen. Die Schnittmenge zwischen der Verbesserung des Produktimages, der Stärkung der Wettbewerbsfähigkeit und einer naturschonenden Ressourcenerhaltung muß allerdings durch vielfältige Anstrengungen vergrößert werden. Nach übereinstimmender Auffassung aller Tagungsteilnehmer ist der integrierte Umweltschutz zwar in der Lage, eine erstrebenswerte Komplementarität zwischen ökologischen und ökonomischen Zielen zu erreichen. Diese Zielkongruenz ergibt sich aber, wie Gert v. Kortzfleisch am Beispiel von Pflanzenöl als Benzinäquivalent eindrucksvoll nachwies, nicht schon bei einem reinen Kostenvergleich, sondern erst im Rahmen einer die ökologischen Nutzenstiftungen berücksichtigenden Gesamtbetrachtung. Die umweltrelevante Leistung wird dabei als Relation von Antriebsleistung zu Umweltbelastung ermittelt.

Die lange Zeitdimension bei integrierten Technologien erfordert die Ablösung eines nur die kurzfristigen Kalkulationsergebnisse berücksichtigenden Denkens durch eine strategische, langfristige Orientierung der Unternehmensleitung.

Viertens benötigt nach übereinstimmender Meinung der Experten aus ost- und westeuropäischen Ländern der betriebliche Umweltschutz zwar die staatliche Unterstützung durch die Umweltpolitik, auf der anderen Seite muß er aber auch als ein dringliches Gebot der Selbsthilfe und Eigenaktivität begriffen werden. Um die immer noch bestehenden Innovationshemmnisse im Umweltschutzbereich zu überwinden, bedarf es erheblicher Anstrengungen aller für Umweltschutzfragen zuständigen Entscheidungsträger in Gesetzgebung und Verwaltung, aber auch in den Betrieben selbst.

Betrieblicher Umweltschutz ist nicht mehr länger als eine Angelegenheit einzelner Staaten anzusehen, sondern mehr und mehr als eine gesamtdeutsche und gesamteuropäische Aufgabe. Die grenzüberschreitenden Emissionen zwingen dazu ebenso wie die Einsicht, daß Umweltschutz als 'elementare Daseinsvorsorge' und als 'Nachweltschutz' (Richard v. Weizsäcker) begriffen werden muß.

Im Verlauf der Diskussion wurde immer wieder hervorgehoben, daß der Gesetzgeber die innovativen Bemühungen der Erfinder und Hersteller von integrierten Umweltschutztechnologien bisher nicht so stark gefördert hätte wie die Entwicklung von Nachsorgetechnologien. Für diese Vermutung spricht auch die durch empirische Forschungsergebnisse gesicherte Tatsache, daß die an sich zu begrüßende Erhöhung des Anteils der Umweltschutzinvestitionen an den Gesamtinvestitionen mit einer relativen Verringerung des Anteils integrierter Technologien erkauft wurde. Es besteht ein offensichtlicher "Quantitäts-Qualitäts Trade-off" (Zimmermann), u. a. bedingt durch umweltpolitische Regulierungen wie die § 7d EStG-Förderung, die eindeutig end of pipe-Technologien prämiierte und deshalb auch zu Recht abgeschafft wurde.

Fünftens wurde vor allem von den anwesenden Vertretern der chemischen Industrie und des Anlagenbaus auf die Notwendigkeit verwiesen, das innerbetriebliche Innovationsklima zu verbessern. Eine wichtige Voraussetzung dafür stelle die verstärkte Kooperation mit dem Kunden dar, dessen Anregungen weitaus wichtiger für neue Verfahrenstechnologien geworden seien als die aus der Forschungsabteilung selbst kommenden Ideen.

Im Hinblick auf die künftige Entwicklung wird es deshalb darauf ankommen, die Konzeptionen des integrierten Umweltschutzes und des Innovationsmanagements zu einem Bündel zu verschmelzen. Gefordert ist also ein 'innovativer Umweltschutz' (Gert v. Kortzfleisch), der nicht bei Inventionen stehen bleibt, sondern deren marktmäßige Verwendung anstrebt.

Zu warnen ist dabei jedoch vor einer Unterschätzung der tatsächlichen Innovationsprobleme. Vermeidungsorientierte Technologien können nicht aus dem Hut gezaubert werden. Wie die Diskussion in der Arbeitsgruppe 'Chemische Industrie' zeigte, sind integrierte Umweltschutztechnologien in dieser Branche nur auf der Basis eines entsprechenden Know-hows zu realisieren, das meist nur durch umfangreiche, stark interdisziplinär ausgerichtete und langwierige F&E-Arbeiten gewonnen werden kann. Zudem setzt die Implementierung einen Investitionsspielraum voraus, der nur bei befriedigender Ertragslage vorhanden ist.

Diskutiert wurde auch die Frage, ob sich nachgelagerte Verwender von Produkten, die bei ihrer Produktion erhebliche Umweltprobleme aufwerfen (wie z. B. Chemieprodukte), an den Kosten zur Lösung dieser Probleme beteiligen sollten. Dies führte zu der Fragestellung, wie die Umweltschutzkosten einer gesamten Volkswirtschaft 'gerecht' zu verteilen seien und ob auch eine Beteiligung des Dienstleistungssektors (zum Beispiel Banken) an den Kosten für integrierte Technologien zu erfolgen habe.

In der Diskussion wurde ferner der Zwang hervorgehoben, über die Auswirkungen eines Produktes von der Konzeption bis zur Entsorgung bereits im Planungsstadium nachzudenken. Ein 'total-quality management' kann hierfür den geeigneten organisatorischen Rahmen schaffen.

Auf diesem Feld sind noch erhebliche Forschungsanstrengungen erforderlich, weil industrielle Produkte immer komplexer werden. Es ist deshalb zu begrüßen, daß das BMFT inzwischen das Projekt "Entsorgungsfreundliche Gestaltung komplexer Produkte" verabschiedet hat, mit dessen Durchführung das Institut für Zukunftsstudien und Technologiebewertung in Berlin beauftragt wurde - ein weiterer Schritt auf dem Weg zu einer ökologischen Modernisierung der Wirtschaft.

Abschließend ist festzuhalten, daß die Tagung nicht nur zu einer Klärung der Standpunkte führte, sondern auch den Wunsch nach einer weiteren und verstärkten Kooperation auf diesem für die Praxis ebenso wichtigen wie aktuellen Gebiet hervorgerufen hat. Als besonders fruchtbar wurde von allen Teilnehmern der Versuch gewertet, in einen in dieser Form erstmals durchgeführten Dialog mit einer Reihe von betriebswirtschaftlichen Hochschullehrern aus der ehemaligen Deutschen Demokratischen Republik einzutreten. Der Veranstalter wurde ausdrücklich dazu ermutigt, den begonnenen Dialog auch in dieser Breite der Standpunkte fortzuführen und den als anregend empfundenen Austausch der Meinungen zwischen Theoretikern und Praktikern des integrierten Umweltschutzes fortzusetzen.

Niemand hätte allerdings seinerzeit voraussehen können, daß der fachlich-persönliche Austausch schon so bald unter ganz anderen Voraussetzungen stattfinden konnte.

Autorenverzeichnis

Dr. habil. Adam Budnikowski: Dozent an der Hochschule für Planung und Statistik, Warschau. Seine Arbeitsgebiete sind Internationale Wirtschaftliche Beziehungen sowie der Umweltschutz.

Dr. Eberhard Garbe: Professor im Fachbereich Wirtschaftswissenschaften der Technischen Hochschule 'Carl Schorlemmer' in Leuna-Merseburg. Die Forschungsschwerpunkte seines Lehrstuhls sind Produktions-, Material-, Energie- und Umweltwirtschaft in Industrieunternehmen.

Dr. habil. oecon. Walter Goldberg: Professor am Lehrstuhl für Unternehmensführung und Organisation der Universität Göteborg. Seine Interessenschwerpunkte sind Unternehmensstrategien, Innovationstheorie und -management, die Führung internationaler Unternehmungen und die Methoden der Wirtschafts- und Sozialwissenschaften.

Dr. Wolfgang Katzer: Professor im Fachbereich Wirtschaftswissenschaften der Technischen Hochschule 'Carl Schorlemmer' in Leuna-Merseburg. Seine Arbeitsgebiete sind die Industriebetriebslehre und die Verfahrensökonomie.

Dr. Hartmut Kreikebaum: Professor am Fachbereich Wirtschaftswissenschaften der Johann Wolfgang Goethe-Universität, Frankfurt am Main. Forschungsschwerpunkte seines Seminars für Industriewirtschaft sind Strategische Unternehmensplanung und Unternehmensethik, Industrial Relations und Humanisierung der Arbeit sowie die betriebliche Umweltschutzpolitik. Er ist Vorstandsmitglied bei CEPES.

Dr. Heinz Kroske: Professor am Heinrich-Hertz-Institut für Atmosphärenforschung und Geomagnetismus, Berlin-Adlershof. Er beschäftigt sich mit Methoden zur Einschätzung ökologischer Wirkungen von Wirtschaftsmaßnahmen sowie mit Umweltverträglichkeitsprüfungen.

Dipl.-Kfm. Stefan Longolius: Assistent am Institut für Markt- und Verbrauchsforschung der Freien Universität, Berlin. Er ist betraut mit einem Projekt über "Strategiebildung im Umwelt und Ressourcenschutz". Das Arbeitsgebiet des Instituts ist das Unternehmerverhalten im Umwelt- und Ressourcschutz mit Schwerpunkt in der chemischen Industrie.

Dr. Aleksy Pocztowski: Dozent am Lehrstuhl für Arbeitsökonomik der Akademie für Ökonomie, Krakau. Er beschäftigt sich mit Personalwirtschaft, Forschung und Entwicklung sowie der Humanisierung der Arbeit.

Dr. Ulrich Steger: Professor am Institut für Ökologie und Unternehmensführung der European Business School in Oestrich-Winkel/Rheingau. Seine Schwerpunkte liegen im Umwelt- und Innovationsmanagement sowie der Strategischen Planung.

Dr. Heinz Strebel: Professor am Fachbereich Wirtschafts- und Rechtswissenschaften der Universität Oldenburg. Er leitet die Professur für Industriebetriebslehre mit den Arbeitsgebieten Produktionswirtschaftslehre, Betriebswirtschaftliche Umweltökonomie, Innovationsforschung und Öffentliche Betriebe.

Dr. Wolfgang Streetz: Professor im Fachbereich Wirtschaftswissenschaften der Technischen Universität 'Otto von Guericke', Magdeburg. Er ist Leiter des Instituts für Unternehmensführung und Rechnungswesen.

Dr. Burkhard Strümpel: Professor am Institut für Markt- und Verbrauchsforschung der Freien Universität, Berlin. Seine Interessengebiete liegen in der Ökonomischen Verhaltensforschung (Arbeitnehmer-, Konsumenten- und Unternehmerverhalten) sowie in der Verbraucherpolitik. † 12 Juli 1990

Dr. habil. Stanislaw Sudol: Professor für Betriebswirtschaftslehre mit den Schwerpunkten Arbeitsökonomie und Organisation an der Universität Toruń (Thorn).

Dr. Rainer Türck: Vormals Wissenschaftlicher Mitarbeiter am Seminar für Industriewirtschaft der Johann Wolfgang Goethe-Universität. Derzeit tätig im Ressort Verkaufskoordination der Hoechst AG, Frankfurt. Er beschäftigt sich mit Fragen der Betrieblichen Umweltpolitik und des Strategischen Marketing.

Dr. Rudolf Vieregge: Leiter der Unterabteilung 'Grundsatzfragen der Umweltpolitik, Planung und Koordination' im Bundesministerium für Umwelt, Naturschutz und Reaktorsicherheit, Bonn.

SIEMENS

Umwelt

Gefährdet technischer Fortschritt unsere Umwelt?

Alle reden vom Umweltschutz — mit Recht. Manche meinen, man müsse mit Rücksicht auf die Umwelt sogar auf technischen Fortschritt verzichten. Aber das Gegenteil ist richtig: Umweltschutz braucht neue Technik. Und: Neue Umwelt-Techniken und neue umweltgerechte Produkte sorgen auch für neue Arbeitsplätze.

Hier sorgt ein elektronisches Zündsteuergerät von Siemens dafür, daß das Kraftstoff-Luft-Gemisch im Ottomotor optimal verbrannt wird, für eine Verringerung vom Kraftstoffverbrauch und Schadstoffausstoß.

Elektronisch gespeicherte Kennfeldlinien übermitteln dem Motor für jeden Betriebszustand den günstigsten Zündzeitpunkt.

Initiativen der Wirtschaft

Schon jetzt arbeiten 400.000 Menschen in der Bundesrepublik im Umweltschutz, wie das Ifo-Institut ermittelte; bis 1995 sollen weitere 100.000 Arbeitsplätze hinzukommen. Initiativen der Wirtschaft helfen also, Umweltfragen zu lösen.

Das Beispiel Siemens AG

In den Werken und Betrieben der Siemens AG sind 250 Betriebsbeauftragte für den Umweltschutz tätig, viermal mehr als gesetzlich vorgeschrieben.

Die Siemens AG wendet dafür etwa 130 Mio. DM pro Jahr auf.

Umweltschutz

Weitere Bücher vom GABLER-Verlag zum Thema „Umwelt und Ökonomie"

Horst Albach (Hrsg.)
Betriebliches Umweltmanagement
1990, 158 Seiten, Gebunden DM 68,–
ISBN 3-409-13381-X

Thomas Dyllick
**Management
der Umweltbeziehungen**
Öffentliche Auseinandersetzungen
als Herausforderung
1989, XX, 527 Seiten, Broschur DM 98,–
ISBN 3-409-13353-4

Eberhard Fees-Dörr/
Gerhard Prätorius/Ulrich Steger
Umwelthaftungsrecht
Bestandsaufnahme, Probleme, Perspektiven
der Reform des Umwelthaftungsrechts
1990, 193 Seiten, Broschur DM 58,–
ISBN 3-409-17731-0

Jürgen Freimann
**Instrumente sozial-ökologischer
Folgenabschätzung im Betrieb**
1989, 338 Seiten, Broschur DM 78,–
ISBN 3-409-13408-5

Jürgen Freimann (Hrsg.)
**Ökologische Herausforderung
der Betriebswirtschaftslehre**
1990, 233 Seiten, Broschur DM 58,–
ISBN 3-409-13426-3

Manfred Kirchgeorg
**Ökologieorientiertes
Unternehmensverhalten**
Typologien und Erklärungsansätze
auf empirischer Grundlage
1989, XVI, 354 Seiten, Broschur DM 98,–
ISBN 3-409-13366-6

Manfred Schreiner
Umweltmanagement
Ein ökonomischer Weg
in eine ökologische Wirtschaft
1988, 320 Seiten, Broschur DM 44,–
ISBN 3-409-13346-1

Wolfgang Müller
Haftpflichtrisiken im Unternehmen
Produkt- und Umwelthaftung
1989, 145 Seiten, Broschur DM 44,–
ISBN 3-409-18511-9

Eberhard Seidel/Heinz Strebel (Hrsg.)
Umwelt und Ökonomie
Reader zur ökologieorientierten Betriebs-
wirtschaftslehre
1991, 521 Seiten, Broschur ca. DM 68,–
ISBN 3-409-13806-4

Wolfgang Staehle/Edgar Stoll (Hrsg.)
**Betriebswirtschaftslehre
und ökonomische Krise**
Kontroverse Beiträge zur
betriebswirtschaftlichen Krisenbewältigung
1984, 442 Seiten, Broschur DM 64,–
ISBN 3-409-13037-3

Volker Stahlmann
**Umweltorientierte
Materialwirtschaft**
Das Optimierungskonzept für Ressourcen,
Recycling, Rendite
1988, 208 Seiten, Gebunden DM 78,–
ISBN 3-409-13917-6

Ulrich Steger
Umweltmanagement
Erfahrung und Instrumente einer umwelt-
orientierten Unternehmensstrategie
1988, 350 Seiten, Gebunden DM 68,–
ISBN 3-409-19120-8

Zu beziehen über den Buchhandel
oder den Verlag.

Stand: 1.12.1991
Änderungen vorbehalten.

BETRIEBSWIRTSCHAFTLICHER VERLAG DR. TH. GABLER, TAUNUSSTRASSE 54, 6200 WIESBADEN

MIX
Papier aus verantwortungsvollen Quellen
Paper from responsible sources
FSC® C105338

If you have any concerns about our products,
you can contact us on
ProductSafety@springernature.com

In case Publisher is established outside the EU,
the EU authorized representative is:
**Springer Nature Customer Service Center GmbH
Europaplatz 3, 69115 Heidelberg, Germany**

Printed by Libri Plureos GmbH
in Hamburg, Germany